中德校企融合育人系列丛书   丛书主编：朱劲松 姚丽霞 叶绪娟

应用化学
综合实验教程
技能训练模块化工作手册

朱劲松　单博华　主编

苏州大学出版社
Soochow University Press

图书在版编目（CIP）数据

应用化学综合实验教程：技能训练模块化工作手册 /
朱劲松，单博华主编. —苏州：苏州大学出版社，
2022.7

（中德校企融合育人系列丛书 / 朱劲松，姚丽霞，
叶绪娟主编）

ISBN 978-7-5672-4013-1

Ⅰ. ①应… Ⅱ. ①朱… ②单… Ⅲ. ①应用化学 － 化
学实验 － 高等学校 － 教材 Ⅳ. ①O69-33

中国版本图书馆 CIP 数据核字（2022）第 134897 号

Yingyong Huaxue Zonghe Shiyan Jiaocheng：
Jineng Xunlian Mokuaihua Gongzuo Shouce

书　　名：应用化学综合实验教程：技能训练模块化工作手册

主　　编：朱劲松　单博华

策划编辑：刘　海

责任编辑：刘　海

装帧设计：吴　钰

出版发行：苏州大学出版社（Soochow University Press）

出 版 人：盛惠良

社　　址：苏州市十梓街 1 号　邮编：215006

印　　刷：苏州工业园区美柯乐制版印务有限责任公司

E - mail：liuwang@ suda. edu. cn　　QQ：64826224

邮购热线：0512-67480030

销售热线：0512-67481020

开　　本：787 mm×1 092 mm　1/16　印张：10.25　字数：244 千

版　　次：2022 年 7 月第 1 版

印　　次：2022 年 7 月第 1 次印刷

书　　号：ISBN 978-7-5672-4013-1

定　　价：45.00 元

若发现印装错误，请与本社联系调换。服务热线：0512-67481020

编写说明

  《应用化学综合实验教程》是针对目前五年制大专院校化学实验教学改革和发展的新趋势，结合本校中德合作办学中德国职业教育模式的特点，采用瓦克化学张家港有限公司、贝内克-长顺汽车内饰材料（张家港）有限公司等企业的生产案例撰写而成的。

  本教材共有 5 个模块，分为 14 个项目。模块一为"中德化工实验室基础知识"，其中项目一"实验室管理规程"包括"实验室安全知识"等 4 个任务，从火灾预防、危险化学品防护、安全用电、设备操作、废弃物处置等方面介绍化学实验室的安全基础知识，重在强调实验室安全的重要性和实验室安全教育的必要性；项目二"各类实验仪器操作指南"包括"电子分析天平标准操作规程"等 13 个任务，针对本教材所涉及的各种仪器设备，编者使用精练的语言将其编写成仪器设备的管理 SOP 程序，对其使用方法、注意事项和应用领域等内容进行归纳与概括，以利于学生全面掌握，实用性较强。模块二"企业产品的制备"、模块三"产品的除杂、提纯"与模块四"半成品、成品检测分析"的实验内容主要来自两个方面：一是引进德国BBiW 学院化工实验教程中的部分实验内容，由相关专业老师翻译和编排设计；二是以企业一线的生产内容训练学生的实验和技术技能，由专业老师根据企业工程技术人员提供的企业案例，结合实训基地实际教学环境重新设计和改进。模块五为"综合拓展性实验"，编者根据教学大纲的总体要求，从科研文献资料中选择少量实验内容并加以改进，作为设计研究性综合实验，在实验设计中突出实验的综合性与创新性，实验内容直接体现现实生产过程，实用性较强。

  本教材在编写过程中参考了国内外有关书刊和兄弟院校的教材，也得到了瓦克化学张家港有限公司的大力支持，在此特致谢意。

  由于我们的水平有限，本教材难免有疏漏之处，敬请读者批评指正。

本书编写组

2022 年 4 月

目 录

模块一　中德化工实验室基础知识

项目一　实验室管理规程 ……………………………………………… 3
　　任务一　实验室安全知识 ………………………………………… 3
　　任务二　中德化工实验室"7S"管理规程 ……………………… 8
　　任务三　玻璃仪器的使用、维护与清洁标准操作规程 ……… 11
　　任务四　中德实验室"三废"的处理 ………………………… 14
项目二　各类实验仪器操作指南 ………………………………… 21
　　任务一　电子分析天平标准操作规程 ………………………… 21
　　任务二　加热板标准操作规程 ………………………………… 23
　　任务三　加热套标准操作规程 ………………………………… 24
　　任务四　搅拌器标准操作规程 ………………………………… 25
　　任务五　通风橱标准操作规程 ………………………………… 25
　　任务六　压缩机标准操作规程 ………………………………… 27
　　任务七　分光光度仪标准操作规程 …………………………… 27
　　任务八　折射仪标准操作规程 ………………………………… 29
　　任务九　熔点仪标准操作规程 ………………………………… 30
　　任务十　去离子水机标准操作规程 …………………………… 32
　　任务十一　密度计标准操作规程 ……………………………… 33
　　任务十二　鼓风干燥箱的标准操作规程 ……………………… 34
　　任务十三　pH计标准操作规程 ………………………………… 36

模块二　企业产品的制备

项目一　橙皮中橙油的提取 ……………………………………… 41
项目二　阿司匹林中乙酰水杨酸粗品的制备 …………………… 49

项目三　丙烯酸酯乳液胶黏剂的制备 ………………………………… 57

模块三　产品的除杂、提纯

项目一　橙皮中橙油萃取柠檬烯 ………………………………………… 67

项目二　阿司匹林（乙酰水杨酸）粗品的提纯 ………………………… 75

项目三　硫酸钠的制备与提纯 …………………………………………… 83

模块四　半成品、成品检测分析

项目一　橙皮中柠檬烯折射率及含量的测定 ………………………… 93

项目二　阿司匹林的鉴定及含量测定 ………………………………… 101

项目三　丙烯酸酯乳液胶黏剂特性黏度的测定 ……………………… 110

项目四　丙烯酸酯乳液胶黏剂 pH 的测定 …………………………… 118

模块五　综合拓展性实验

项目一　偶氮化合物的制备（甲基橙）、印染废水中甲基橙含量的
测定及脱色实验 ……………………………………………… 127

　　任务一　吸附剂累托石/PVA 球的制备 …………………………… 127

　　任务二　印染废水中甲基橙含量的测定及脱色实验 ……………… 134

项目二　模拟工厂产品除杂及纯度分析 ……………………………… 146

参考文献 ……………………………………………………………… 156

中德化工实验室基础知识

你们在想要攀登到科学顶峰之前，务必把科学的初步知识研究透彻。还没有充分领会前面的东西时，就决不要动手搞往后的事情。

——巴甫洛夫

化学家的"元素组成"应当是 C_3H_3。即：Clear Head(清醒的头脑)+Clever Hands(灵巧的双手)+Clean Habits(洁净的习惯)。

——卢嘉锡

项目一　实验室管理规程

任务一　实验室安全知识

一、实验室的个人防护

化学实验是化学学科形成和发展的基础，它具有一定的危险性，每个在化学实验室工作的人都不可放松警惕。下面从眼睛及脸部的防护、手的防护、身体的防护等三个方面对实验室的个人防护作一介绍。

（一）眼睛及脸部的防护

1. 全防护眼镜。眼睛及脸部是实验室中最易被事故所伤害的部位，因此要特别重视对它们的保护。在实验室内，实验人员必须戴安全防护眼镜。

2. 当化学物质溅入眼睛后，应立即用水彻底冲洗。冲洗时，应将眼皮撑开，小心地用自来水冲洗数分钟，再用蒸馏水冲洗，然后去医务室进行治疗。

3. 面部防护用具用于保护脸部和喉部。为了防止可能发生的爆炸及实验产生的有害气体对人体造成伤害，可佩戴有机玻璃防护面罩或呼吸系统防护用具。

（二）手的防护

1. 在实验室中，为了防止手受到伤害，可根据需要选戴各种手套。接触腐蚀性物质、边缘尖锐的物体（如碎玻璃、木材、金属碎片）、过热或过冷的物质时均须戴手套。

2. 手套必须爱护使用，以确保无破损。防护手套主要有以下几种。

（1）聚乙烯一次性手套：用于处理腐蚀性固体药品和稀酸（如稀硝酸）。但这种手套不能用于处理有机溶剂，因为许多溶剂可以渗透聚乙烯而在缝合处产生破洞。

（2）医用乳胶手套：用乳胶制成，经处理后可重复使用。由于这种手套较短，应注意保护手臂。该手套不适于处理烃类溶剂（如己烷、甲苯）及含氯溶剂（如氯仿），因为这些溶剂会造成手套溶胀而对人体造成损害。

（3）橡胶手套：较医用乳胶手套厚，适于较长时间接触化学药品时使用。

（4）帆布手套：一般用于接触高温物体的操作。

（5）纱手套：一般用于接触机械的操作。

（三）身体的防护

1. 实验室工作人员不得穿凉鞋、拖鞋，应穿平底、防滑、合成皮或皮质的满口鞋。严禁化学工作人员穿高跟鞋进入实验室。

2. 所有人员进入实验室都必须穿工作服，其目的是防止工作人员的皮肤和衣着受到化学药品的污染。

3. 工作服一般不耐化学药品的腐蚀，故当其受到严重腐蚀后，必须换下更新。

4. 为了防止工作服上附着的化学药品扩散，不得穿工作服到其他公共场所，如食堂、会议室等。

5. 每周清洗工作服一次。

二、实验室安全事故的预防

（一）防火

1. 实验室预防火灾注意事项。

有效的防范是对待事故最积极的态度。为预防火灾，应切实遵守以下各点。

（1）严禁在开口容器或密闭体系中用明火加热有机溶剂，当用明火加热易燃有机溶剂时，必须有蒸气冷凝装置或合适的尾气排放装置。

（2）严禁将废溶剂倒入污物缸，量少时可用水冲入下水道，量大时则应倒入回收瓶内再集中处理。燃着或阴燃的火柴梗不得乱丢，应放在表面皿中，实验结束后一并投入废物缸。

（3）金属钠严禁与水接触，废钠通常用乙醇销毁。

（4）不得在烘箱内存放、干燥、烘焙有机物。

（5）使用氧气钢瓶时，不得让氧气大量溢入室内。在含氧量约25%的大气中，物质燃烧所需的温度要比在空气中低得多，且燃烧剧烈，不易扑灭。

万一不慎失火，切莫惊慌失措，应沉着冷静地处理。只要掌握必要的消防知识，一般可以迅速灭火。

化学实验室一般不用水灭火！这是因为水能和一些药品（如钠）发生剧烈反应，用水灭火会引起更大的火灾甚至爆炸，并且大多数有机溶剂不溶于水且比水轻，用水灭火时有机溶剂会浮在水上面，反而扩大火场。

2. 化学实验室必备的几种灭火器材。

（1）沙箱。将干燥沙子贮于容器中备用，灭火时，将沙子撒在着火处，干沙对扑灭金属火灾特别安全有效。平时保持沙箱干燥，切勿将火柴梗、玻璃管、纸屑等杂物随手丢入其中。

（2）灭火毯。通常用大块石棉布作为灭火毯，灭火时包盖住火焰即成。近年来已确证石棉有致癌性，故应改用玻璃纤维布灭火。干燥沙子和灭火毯经常被用来扑灭局部小火，必须将它们妥善安放在固定位置，不得随意挪作他用，使用后必须归还原处。

（3）二氧化碳灭火器。这是化学实验室最常使用也是最安全的一种灭火器。其钢瓶内贮有二氧化碳气体。使用时，一手提灭火器，一手握在喷二氧化碳气体的喇叭筒的把手上，打开开关，即有二氧化碳气体喷出。应注意，喇叭筒的温度会随着喷出的二氧化碳气压的骤降而骤降，故手不能握在喇叭筒上，否则手会严重冻伤。二氧化碳无毒害，使用后干净无污染，特别适用于扑灭油脂和电器起火，但不能用于扑灭金属着火。

（4）泡沫灭火器。泡沫灭火器的灭火原理：灭火器喷出的泡沫把燃烧物质包住，使之与空气隔绝而灭火。因泡沫能导电，故不能用于扑灭电器着火。因泡沫灭火器灭火后污染严重，火场清理工作麻烦，故一般非大火时不用它。

3. 常见的几种灭火方法。

一旦失火，首先应采取措施防止火势蔓延，如立即熄灭附近所有火源（如煤气灯），切断电源，移开易燃易爆物品等；并视火势大小，采取不同的扑灭方法。以下介绍几种常见的灭火方法。

（1）对在容器（如烧杯、烧瓶、热水漏斗等）中发生的局部小火，可用石棉网、表面皿或木块等盖灭。

（2）当有机溶剂在桌面或地面上蔓延燃烧时，不得用水冲，可撒上细沙或用灭火毯扑灭。

（3）对钠、钾等金属着火，通常用干燥的细沙覆盖。严禁用水和四氯化碳灭火器灭火，否则会导致剧烈的爆炸，也不能用二氧化碳灭火器灭火。

（4）若衣服着火，切勿慌张奔跑，以免风助火势。如果衣服是化纤织物，最好立即脱除。如果是小火，一般可用湿抹布、灭火毯等包裹使火熄灭。若火势较大，可就近用水龙头浇灭。必要时可就地卧倒打滚，一方面要防止火焰烧向头部，另一方面则要在地上压住着火处，使其熄火。

（5）在反应过程中，如果是冲料、渗漏、油浴着火等引起的反应体系着火，情况比较危险，处理不当会加重火势。扑救时不仅要谨防冷水溅在着火处的玻璃仪器上，还要谨防灭火器材击破玻璃仪器，以免造成严重的泄漏而扩大火势。有效的扑灭方法是用几层灭火毯包住着火部位，隔绝空气使其熄灭，必要时还可在灭火毯上撒些细沙。若仍不奏效，必须使用灭火器，从火场的周围逐渐向中心处扑灭。

（二）防爆

1. 实验室发生爆炸事故的原因。

（1）随便混合化学药品。氧化剂和还原剂的混合物在受热、摩擦或撞击时会发生爆炸。表 1-1-1 中列出的混合物都曾发生过意外的爆炸事故。

表 1-1-1　加热时发生爆炸的混合物示例

混合物	混合物
镁粉-重铬酸铵	有机化合物-氧化铜
镁粉-硝酸银（遇水产生剧烈爆炸）	还原剂-硝酸铅
	氯化亚锡-硝酸铋
镁粉-硫磺	浓硫酸-高锰酸钾
锌粉-硫磺	三氯甲烷-丙酮
铝粉-氧化铅	铝粉-氧化铜

（2）在密闭体系中进行蒸馏、回流等加热操作。

（3）在加压或减压实验中使用不耐压的玻璃仪器，气体钢瓶减压阀失灵。

（4）反应过于剧烈而失去控制。

（5）易燃易爆气体如氢气、有机蒸气，以及乙炔、煤气等烃类气体等大量逸入空气，引起爆燃。

（6）一些本身容易爆炸的化合物，如硝酸盐类、硝酸酯类、三碘化氮、芳香族多硝基化合物、乙炔及其重金属盐、重氮盐、叠氮化物、有机过氧化物（如过氧乙醚和过氧酸）等，受热或被敲击时会发生爆炸。强氧化剂与一些有机化合物接触，如乙醇和浓硝酸混合时会发生猛烈的爆炸反应。

2. 实验室防爆注意事项。

爆炸的毁坏力极大，必须严格加以防范。凡有爆炸危险的实验，在教材中必须有具体的安全指导，且必须严格执行。此外，平时应该遵守以下各点。

（1）取出的试剂药品不得随便倒回贮备瓶中，也不能随手倾入污物缸。

（2）在做高压或减压实验时，应使用防护屏或戴防护面罩。

（3）不得让气体钢瓶在地上滚动，不得撞击钢瓶表头，更不得随意调换表头。搬运钢瓶时应使用钢瓶车。

（4）在使用和制备易燃易爆气体如氢气、乙炔等时，必须在通风橱内进行，并不得在其附近点火。

（5）煤气灯用完后或中途煤气供应中断时，应立即关闭煤气龙头。若遇煤气泄漏，必须停止实验，立即报告教师检修。

（三）防中毒和化学灼伤

1. 化学药品的毒性。

化学药品的危险性除了易燃易爆外，还在于它们具有腐蚀性、刺激性，以及对人体的毒性，特别是致癌性。使用不慎会造成中毒或化学灼伤事故。特别应该指出的是，实验室常用的有机化合物，其中绝大多数对人体有不同程度的毒害。

2. 化学中毒和化学灼伤的原因及预防。

（1）化学中毒和化学灼伤的主要原因。

① 由呼吸道吸入有毒物质的蒸气。

② 有毒药品通过皮肤吸收进入人体。

③ 吃进被有毒物质污染的食物或饮料，品尝或误食有毒药品。

④ 皮肤直接接触强腐蚀性物质、强氧化剂、强还原剂，如浓酸、浓碱、氢氟酸、钠、溴等引起的局部外伤。

（2）化学中毒和化学灼伤的预防。

① 最重要的是保护好眼睛，在化学实验室里应该一直佩戴护目镜（平光玻璃或有机玻璃眼镜），防止眼睛受刺激性气体熏染，防止任何化学药品特别是强酸、强碱及玻璃屑等异物进入眼内。

② 禁止用手直接取用任何化学药品，使用有毒化学药品时除用药匙、量器外还必须佩戴橡皮手套，实验结束后马上清洗仪器用具，立即用肥皂洗手。

③ 尽量避免吸入任何药品和溶剂蒸气。处理具有刺激性、恶臭和有毒的化学药品，如 H_2S、NO_2、Cl_2、Br_2、CO、SO_2、SO_3、HCl、HF、浓硝酸、发烟硫酸、浓盐酸等时，必须在通风橱中进行。通风橱开启后，不要把头伸入橱内，并保持实验室通风良好。

④ 严禁在酸性介质中使用氰化物。

⑤ 禁止口吸吸管移取浓酸、浓碱和有毒液体，应该用洗耳球吸取。禁止冒险品尝药品试剂，不得用鼻子直接嗅气体，而应用手向鼻孔扇入少量气体。

⑥ 不要用乙醇等有机溶剂擦洗溅在皮肤上的药品，这种做法反而会加快皮肤对药品的吸收速度。

⑦ 实验室里禁止吸烟和进食，禁止赤膊和穿拖鞋。

（3）化学中毒和化学灼伤的急救。

① 眼睛灼伤或掉进异物的急救。

一旦眼内溅入任何化学药品，应立即用大量水缓缓彻底冲洗。实验室内应备有专用洗眼水龙头。洗眼时要保持眼皮张开，可由他人帮助翻开眼睑，持续冲洗 15 min。忌用稀酸中和溅入眼内的碱性物质，反之亦然。如果因溅入碱金属、溴、磷、浓酸、浓碱或其他刺激性物质而导致眼睛灼伤，急救后必须由他人迅速送往医院检查治疗。

玻璃屑进入眼睛内是比较危险的，这时要尽量保持冷静，绝不可用手揉擦，也不要试图让别人取出碎屑，尽量不要转动眼球，可任其流泪，有时碎屑会随泪水流出。用纱布轻轻包住伤者眼睛后，将其急送医院处理。

若进入眼睛的是木屑、尘粒等异物，可由他人翻开眼睑，用消毒棉签轻轻取出异物，或任其流泪，待异物排出后，再滴入几滴鱼肝油。

② 皮肤灼伤的急救。

酸灼伤。先用大量水冲洗，以免深度受伤，再用稀 $NaHCO_3$ 溶液或稀氨水浸洗，最后再用水洗。氢氟酸能腐蚀指甲、骨头，滴在皮肤上，会形成痛苦而难以治愈的烧伤。若皮肤被氢氟酸灼伤，应先用大量水冲洗 20 min 以上，再用冰冷的饱和硫酸镁溶液或 70%酒精浸洗 30 min 以上；或用大量水冲洗后，再用肥皂水或 2%~5% $NaHCO_3$ 溶液冲洗，用 5% $NaHCO_3$ 溶液湿敷。局部外用可的松软膏或紫草油软膏及硫酸镁糊剂。

碱灼伤。先用大量水冲洗，再用 1%硼酸或 2% HAc 溶液浸洗，最后再用水洗。

注意：在受上述灼伤后，若创面起水泡，均不宜把水泡挑破。

③ 中毒急救。

在实验过程中，若有咽喉灼痛、嘴唇脱色，胃部痉挛或恶心呕吐、心悸头晕等症状，可能系中毒所致。视中毒原因施以下述急救后，立即送医院治疗，不得延误。

固体或液体毒物中毒。有毒物质尚在嘴里的应立即吐掉，并用大量水漱口。误食碱性化学品者，应先饮大量水，再喝些牛奶。误食酸性化学品者，应先饮水，再服 $Mg(OH)_2$ 乳剂，最后饮些牛奶；不要用催吐药，也不要服用碳酸盐或碳酸氢盐。重金属盐中毒者，喝一杯含有几克 $MgSO_4$ 的水溶液，立即就医；不要服催吐药，以免引起危险或使病情复杂化。砷和汞化物中毒者，必须紧急就医。

吸入气体或蒸气中毒。立即转移至室外，解开衣领和纽扣，呼吸新鲜空气。对休克者应施以人工呼吸（不要用口对口法），立即送医院急救。

④ 烫伤、割伤等外伤的急救。

在烧熔和加工玻璃物品时最容易被烫伤，在切割玻管或向木塞、橡皮塞中插入温度计、玻管等物品时最容易发生割伤。玻璃物品质脆易碎，对任何玻璃制品都不得用力挤压或造成张力。在将玻管、温度计插入塞中时，塞上的孔径与玻管的粗细要吻合。玻管的锋利切口必须在火中烧圆，管壁上用几滴水或甘油润湿后，用布包住用力部位轻轻旋入，切不可用猛力强行连接。外伤急救方法如下：

割伤。先取出伤口处的玻璃碎屑等异物，用水洗净伤口，挤出一点血，涂上碘伏后用消毒纱布包扎。在洗净的伤口上贴上创可贴，可立即止血，且伤口易愈合。若严重割伤大量出血，应先止血，让伤者平卧，抬高出血部位，压住附近动脉，或用绷带盖住伤口直接施压，若绷带被血浸透，不要换掉，再盖上一块施压，立即送医院治疗。

烫伤。一旦被火焰、蒸气、红热的玻璃、铁器等烫伤，应立即将伤处用大量水冲淋或浸泡，以迅速降温避免深度烧伤。若起了水泡，不宜挑破，用纱布包扎后送医院治疗。对轻微烫伤，可在伤处涂些鱼肝油、烫伤油膏或万花油后包扎。

（四）防触电

在化学实验室，经常使用电学仪表、仪器，应用交流电源进行实验。人体在通过25 mA 以上的交流电时会发生呼吸困难，若通过 100 mA 以上的交流电则会致死。因此，安全用电非常重要。在实验室用电过程中必须严格遵守以下操作规程。

1. 防止触电。

（1）不得用潮湿的手接触电器。

（2）所有电源的裸露部分都应有绝缘装置。

（3）已损坏的接头、插座、插头或绝缘不良的电线应及时更换。

（4）必须先接好线路再插上电源。实验结束后，必须先切断电源再拆线路。

（5）如遇人触电，应在切断电源后再进行处理。

2. 防止着火。

（1）保险丝型号必须与实验室允许的电流量相匹配。

（2）负荷大的电器应接较粗的电线。

（3）生锈的仪器或接触不良处，应及时处理，以免产生电火花。

（4）如遇电线走火，切勿用水或导电的酸碱泡沫灭火器灭火。应立即切断电源，用沙或二氧化碳灭火器灭火。

实验开始以前，应先由教师检查线路，经同意后，方可插上电源。

若仪器有漏电现象，可将仪器外壳接上地线，仪器即可安全使用。但应注意，若仪器内部和外壳形成短路而造成严重漏电（可以用万用电表测量仪器外壳的对地电压），应立即检查修理。此时如接上地线使用仪器，则会产生很大的电流而烧坏保险丝，甚至可能发生更为严重的事故。

任务二　中德化工实验室"7S"管理规程

一、整理

1. 进实验区域整理好穿着，穿好实验服，佩戴好护目镜，把头发扎起来，不允许佩用披肩、围巾，穿好覆盖全身的衣服，穿封闭的鞋子，在不同情况下正确使用不同的手套（图 1-1-1）。

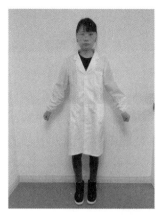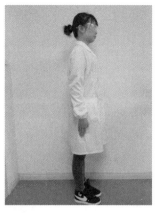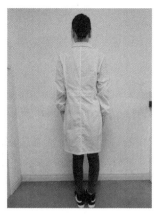

图 1-1-1

2. 开始实验之前，检查核对所用仪器/器材、试剂是否齐全，名称/规格是否一致，如有不符合应及时报告老师。实验工位要始终保持清洁。玻璃仪器清洗完毕后，应把仪器表面的水擦干净，以免加热锅短路/断路。

3. 试剂、药品取用或取出后不得放回原瓶，以免污染药品。制备的样品要贴好标签。实验完成后要清理桌面上残留的药品。

4. 每日自我检查。检查工位上是否乱放物品，样品、试剂是否放置规范，不需要的物品是否按照要求分别整理收集。

5. 对仪器设备（含标准物质）按是否合格进行分类，确定哪些是完好的，哪些是降级使用的，哪些是停用的。对无使用价值的停用设备办理报废。

二、整顿

1. 进入实验室后，要保持安静，待在自己的工位和座位上，不得随意换位。

2. 用过的废渣、废纸等不得随意丢弃，须置于指定的地方。如有仪器损坏，应主动报告老师，以便妥善处理。

3. 在实验过程中一定要保持良好的课堂秩序，有疑难问题时，应请教老师。不得在实验室随意走动或大声喧哗。遇有偶发事故时，应保持冷静，迅速报告老师处理。

4. 公用仪器用过后，要立即清理并放回原处。规定在原地使用的仪器，不得随意移动。

5. 规定放置方法。在用设备和玻璃器具可区分为随时使用、常用等几种情况，并分别存放。

6. 标示场所物品。如每间实验室应制订精密仪器设备（如分析天平、熔点仪）操作规范。

7. 实验完毕，将仪器擦拭干净，放回原处，整理好实验台面，仔细检查水龙头、电源、真空泵是否关闭（图 1-1-2）。不得将实验用品及设备带出实验室。

图 1-1-2

8. 根据实验内容和要求及时写出实验报告。实验报告应如实反映结果和实验过程，不得随意捏造或抄袭他人实验数据和记录。

三、清扫

1. 按照值日生表格做好值日工作，每天值日小组长做好检查工作，计入考查分数。

2. 建立清扫基准，作为规范。制订每日、每周的清扫时间和内容。在清扫过程中，如果发现不良之处，要及时加以改善。

3. 确定设备的使用人和管理人，定期进行维护保养与核查。使用时，应及时做好记录。

四、清洁

1. 落实前 "3S"（整理、整顿、清扫）的工作。工作现场保持干净整洁（图 1-1-3）。

图 1-1-3

2. 制订检查方法。建立清洁稽核表，教师和值日组长做不定期检查。

3. 制订考查得分表，加强执行力度。

4. 实验环境、实验室的清洁卫生应做到定期检查。

五、素养

1. 持续推动前"4S"（整理、整顿、清扫、清洁）至习惯化，养成保持整洁的习惯。

2. 制订可共同遵守的有关中德化工实验室管理规章制度并将它们目视化，一目了然。

3. 未经允许不得进入试剂准备间和药品室。

4. 积极参加教育训练（新进实验室班级应加强实验室规章制度学习和培训）。

5. 推动各种精神提升活动（如晨会课、社团活动等。）

六、安全

1. 在实验中对有可能发生燃烧、爆炸的药品，必须视其性质、数量等情况，采取可靠的安全防护措施，否则不能进行作业。

2. 用电安全。水电分离，要往烧瓶加试剂时，应该先断电，移开加热锅，再加试剂。高温加热板必须有警示标志，玻璃器皿爆裂后必须戴手套清理。

3. 禁止在工位上吃东西、喝饮料或利用实验器皿作食用工具。

4. 配备必要的灭火器材，做好灭火准备。

5. 禁止将汞、酸、碱、易燃液体，以及含有爆炸物或有毒的液体、废纸等倒入水槽。实验结束后，所有实验用化学试剂与用品均应倒入废液桶或待处理废弃物收集桶。

七、节约

1. 实验室用电不许超过额定负荷，水、电用后应立即关闭相应设备。

2. 节约药品。

"7S"（整理、整顿、清扫、清洁、素养、安全）管理活动是一项长期计划性的工作，也是良好作业习惯养成的过程，可以促进相关职能工作的规范化。为确保成效，实验室可以选择重点内容先行推广"7S"活动，以逐步实现管理的标准化，提高工作人员的职业素养，使实验室的管理工作不断得到改进。

任务三 玻璃仪器的使用、维护与清洁标准操作规程

一、目的

建立玻璃仪器的使用、维护与清洁标准，使操作过程标准化。

二、职责

进入本实验场所，即按此标准操作玻璃仪器。

三、范围

本标准适用于玻璃仪器的使用、维护与清洁。

四、内容

在化学实验中，玻璃仪器是最常用的实验工具，玻璃仪器的正确使用、维护与清洁是保证实验顺利进行的基本前提，所以实验人员要明确玻璃仪器使用、维护与清洁的标准操作规程。以下将对玻璃仪器的使用、维护与清洁进行分类阐述。

（一）量器类玻璃仪器的使用、维护与清洁

1. 玻璃量器不能加热和受热，不能贮存浓酸或浓碱，使用时应按有关规定进行操作。

2. 量筒和量杯用于量取浓度与体积要求不是很精确的溶液，读数时视线应与量筒（或量杯）内溶液凹面最低处保持水平。

3. 容量瓶用于配制浓度和体积要求准确的溶液或溶液的定量稀释。容量瓶的瓶塞应配套，密封性要好。使用前应检查其是否漏水。配制或稀释溶液时，应在溶液接近标线时，用滴管缓缓滴加至溶液的凹面最低处与标线相切。容量瓶不能久贮溶液，特别是碱性溶液。

4. 滴定管是滴定分析时使用的较精密仪器，用于测量在滴定中所用溶液的体积。常量滴定管分酸式滴定管和碱式滴定管两种。使用前应检查其是否漏水。为了保证装入滴定管的溶液其标准的浓度不被稀释，装标准液前要用该标准液将滴定管洗涤 3 次。将标准液装满滴定管后，应排尽管下部气泡，读数时视线应与溶液凹面最低处保持水平。

5. 移液管用于准确转移一定体积的液体。常量移液管有刻度吸管和胖肚吸管两种。使用前，洗净的移液管要用吸取液洗涤 3 次。放液时应使液体自然流出，流完后保持移液管垂直，容器倾斜 45°，停靠 15 s。移液管上无"吹"字样时，残留于管尖的液体不必吹出；移液管上有"吹"字样时，须将残留于管尖的液体吹出。

6. 洗涤仪器时不仅要求洗去污垢，同时还要求不能引进任何干扰性的离子。

7. 洗净度检查方法：加水于器皿中，倾去水后，器壁上均匀地附着一层水膜，既不聚成水滴，也不成股流下，达到这一要求即为洗净。

8. 仪器在使用前、实验完毕、贮存超过规定时限后，均应进行洗涤。

9. 洗涤时先用自来水冲洗。量筒、量杯可注入洗涤剂（合成洗涤剂或洗衣粉溶液），稍稍用力振荡或用毛刷刷洗，再用自来水冲洗至无泡沫。容量瓶、滴定管、移液管沥干后，注入少量铬酸洗液，浸泡 4~6 h 或过夜，倒出洗液（倒回洗液瓶内回收或倒入废液缸内统一处理），用自来水冲洗干净（不能用铬酸洗液洗涤含有乙醚的仪器，乙醚遇到铬酸洗液易发生爆炸），最后用蒸馏水沿内外壁冲洗 2~3 次即可。

10. 将洗净的仪器倒置在滤纸、干净的架子上或专用橱内，任其自然滴水沥干。可用电吹风将仪器用冷风或热风快速吹干。也可加少量易挥发的有机溶剂（乙醇、乙醚等）润湿后倾出，如此反复 3~5 次，再任其自然挥发至干燥，或用电吹风按热风—冷风顺序吹风至干燥。此法可达到快速干燥的目的，但须注意室内通风、防火、防毒等。有机溶剂价格较高，只有急用时才采用此法。

（二）容器类玻璃仪器的使用、维护与清洁

1. 烧杯主要用于配制溶液，煮沸、蒸发、浓缩溶液，进行化学反应及少量物质的制备等。加热烧杯时应垫以石棉网；也可选用水浴、油浴或砂浴等加热方式。加热时烧杯的内容物不得超过烧杯容积的2/3；用烧杯加热腐蚀性液体时应加盖表面皿。

2. 烧瓶用于加热煮沸，以及物质之间的化学反应。加热烧瓶时，应垫以石棉网（圆底烧瓶可以直接加热），加热时烧瓶的内容物不得超过烧瓶容积的2/3。平底烧瓶和圆底烧瓶常用于反应物较多的固液反应或液液反应，以及一些需要较长时间加热的反应。使用前应认真检查烧瓶有无气泡、裂纹、刻痕及厚薄不均匀等缺陷。

三角烧瓶用于化学实验时便于摇动，在滴定操作中常被用作容器。定碘烧瓶也称"具塞烧瓶"，主要用于碘量法的测定。加热时应将瓶塞打开，以免塞子冲出或瓶子破碎，并应注意塞子与烧瓶保持原配。蒸馏用烧瓶如需安装冷凝器等，应选短颈厚口烧瓶，连接蒸馏烧瓶与冷凝器时，穿过胶塞的支管伸入冷凝器内部分不应少于4 cm。多口烧瓶常用于制取气体或易挥发物质，或蒸馏时作加热容器。

3. 试管常用于定性试验，便于操作和观察，可直接加热。加热时试管的内容物不应超过其容积的1/3，不需加热时不要超过1/2。加热试管内的固体物质时，管口应略向下倾斜，以防凝结水回流至试管底部而使试管破裂。

4. 离心管常用于定性分析中的沉淀分离，不能直接加热。

5. 比色管主要用于比较溶液颜色的深浅，对元素含量较低的物质，用目视法作简易快速定量分析。使用时不可加热，要保持管壁尤其管底的透明度。

6. 试剂瓶用于盛装试剂。每个试剂瓶上都必须贴有标签，标明内存试剂的名称、浓度、纯度等。瓶塞和滴管不可调换，应保持原配。使用时瓶塞应倒置在桌面上；使用滴管时不要将溶液吸入胶头，也不要将滴管放置在其他地方。

7. 称量瓶主要用于使用分析天平时称取一定质量的试样，也可用于烘干试样。平时要洗净、烘干并存放在干燥器内，以备随时使用。不得用火直接加热称量瓶，称量瓶的瓶盖不能互换。称量时不可用手直接拿取，应戴手套或垫以洁净纸条。

8. 仪器洗涤时不仅要洗去污垢，同时还不能引进任何干扰性的离子。

9. 洗净度检查方法：加水于器皿中，倾去水后，器壁上均匀地附着一层水膜，既不聚成水滴，也不成股流下，达到这一标准即为洗净。

10. 仪器使用前、实验完毕、贮存超过规定时限后，均应进行洗涤。

11. 洗涤时先用自来水冲洗，用毛刷蘸取洗涤剂（合成洗涤剂或洗衣粉溶液）刷洗仪器内外，然后用水边冲边刷洗，直至洗净为止。若用洗涤剂不能刷洗干净，则将仪器内的水沥干，往仪器内加少量铬酸溶液（倒回洗液瓶回收利用或倒入废洗液收集瓶内统一处理），再用自来水冲洗干净；最后用蒸馏水沿内外壁冲洗2~3次即可。

12. 将洗净的仪器倒置在滤纸、干净的架子上或专用的橱内，任其自然沥干。将洗净的仪器置于105~120 ℃的烘箱内，烘烤1~2 h，对于厚壁仪器、实心玻璃塞应缓慢升温。烘干后将仪器置于专用架子、专用橱或干燥器内保存。也可将洗净的仪器置于灯焰上直接烤干。可以将试管倾斜，管口向下，由尾部逐渐向口部烘烤，见不到水珠后，将管口向上，赶尽水汽；烧杯可置于石棉网上小火烘烤。急用时可采用此法。

13. 容器类玻璃仪器应存放在洁净的环境中，并有防尘装置。

（三）其他玻璃仪器的使用、维护与清洁

1. 各种玻璃仪器均应按相关规定进行使用。

2. 漏斗主要用于过滤操作和向小口容器倾倒液体，可以过滤热溶液，但不得用火直接加热。

3. 玻璃砂芯滤器常与过滤瓶配套进行减压过滤，根据其孔径大小（滤片号数越大孔径越小），可过滤不同的物质。使用时应注意避免碱液和氢氟酸的腐蚀。过滤瓶耐负压，不能加热。

4. 干燥器主要用来保持物品的干燥，也可用来存放防潮的小型贵重仪器和已经烘干的称量瓶、坩埚等。使用时应在边沿涂抹一薄层凡士林以免漏气。开启时，应使顶盖向水平方向缓缓移动。

5. 滴管从试剂瓶中取出后，应保持胶头在上，不可平放或斜放，以防滴管中的试液流入胶头，腐蚀胶头，玷污试剂。用滴管将试剂滴入试管或其他容器时，必须将它悬空地放在管口或容器口的上方，绝对禁止将滴管尖伸入管内或容器内，以防管端碰壁沾附其他物质。

6. 冷凝管、接管和分馏管与其他仪器配套使用，用于冷凝、分馏操作。使用时应注意内外磨口的紧密性，安装、拆卸应按序小心操作。

7. 蒸发皿主要用于溶液的蒸发、浓缩和结晶，平时应洗净、烘干。

8. 化学实验工作对仪器的洗涤有较高的要求，不仅要求洗去污垢，还要求不能引进任何干扰的离子。

9. 洗净度检查方法：加水于容器中，倾去水后，器壁上均匀地附着一层水膜，既不聚成水滴，也不成股流下，达到这一要求即为洗净。

10. 首次使用前、实验完毕、贮存超过规定期限后的玻璃仪器均应进行洗涤。

11. 玻璃仪器洗涤时，先用自来水冲洗，除玻璃砂芯滤器外，其他仪器可用洗涤剂（合成洗涤剂或洗衣粉溶液）洗涤（玻璃砂芯滤器和其他不能用洗涤剂洗净的仪器，应加入少量铬酸洗液洗涤至净），最后用蒸馏水沿内外壁冲洗 2~3 次即可。

12. 将洗净的仪器置于 60~80 ℃（蒸发皿可置于 105~120 ℃）的烘箱内烘烤至干，或将洗净的仪器倒置在滤纸、干净架子上或专用的橱内，任其自然滴水沥干。

13. 玻璃仪器应存放在洁净、可防尘的环境中。洁净的仪器在贮存一定时间后，应重新洗涤并存放在干燥器内，以备随时使用。

任务四　中德实验室"三废"的处理

实验室一般需排放废水、废气、废渣（简称"三废"）。各类实验室由于工作内容不同，产生的"三废"中所含的化学物质及其毒性不同，数量差别也大。为了保证化学实验人员的健康，防止污染环境，实验室"三废"的排放应遵守我国环境保护的有关规定。

一、化学实验室的废气

化学实验室所有可能产生有害废气的操作都应在有通风装置的条件下进行，如加热酸碱溶液和有机物的硝化、分解等都应在通风橱中进行。实验室排出的废气量较少时，一般可由通风装置直接排至室外，但排气口必须高于附近屋顶 3 m。

对于实验过程中产生的废气，净化的方法主要有以下几种。

1. 冷凝法。利用蒸气冷却凝结，回收高浓度有机蒸气和汞、砷、硫、磷等。

2. 燃烧法。将可燃物质加热后与氧化合进行燃烧，使污染物转化成二氧化碳和水等，从而使废气净化。

3. 吸收法。利用某些物质易溶于水或其他溶液的性质，使废气中的有害物质进入液体以净化气体。

4. 吸附法。使废气与多孔性固体（吸附剂）接触，将有害物质吸附在固体表面，以分离污染物。

5. 催化剂法。利用不同催化剂对各类物质的不同催化活性，使废气中的污染物转化成无害的化合物或比原来存在状态更易除去的物质，以达到净化有害气体的目的。

6. 过滤法。含有放射性物质的废气，必须经过滤器过滤才能排放到大气中。

二、化学实验室的废液

化学实验室的实验操作会产生一定量的废液，废液的排放必须遵守我国环境保护的有关规定。废液不能直接排入下水道，应根据其化学特性选择合适的容器和存放地点密闭存放，禁止混合贮存；容器要防渗漏，防止挥发性气体逸出而污染环境；容器标签必须标明废物种类和贮存时间，且贮存时间不宜太长，贮存数量不宜太多；存放地要有良好通风。剧毒、易燃、易爆药品的废液，其贮存应按危险品管理规定办理。下面介绍几种处理方法。

1. 无机酸类。废无机酸先收集于陶瓷缸或塑料桶中，然后用过量的碳酸钠或氢氧化钙的水溶液中和，或用废碱中和，中和后用大量水冲稀再排放。

2. 氢氧化钠、氨水。用稀废酸中和后，用大量水冲稀再排放。

3. 含汞、砷、锑、铋等离子的废液。控制溶液酸度为 0.3 mol/L 的［H^+］，再以硫化物形式沉淀，以废渣的形式处理。

4. 含氰废液。把含氰废液倒入废酸缸中是极其危险的，氰化物遇酸会产生极毒的氢化氰气体，瞬时可使人丧命。处置含氰废液的正确方法是：先加入氢氧化钠使 pH 在 10 以上，再加入过量的 3% $KMnO_4$ 溶液，使氰化物被氧化分解。若氰化物含量过高，可以加入过量的次氯酸钙和氢氧化钠溶液进行破坏。另外，氰化物在碱性介质中与亚铁盐作用可生成亚铁氰酸盐而被破坏。

5. 含氟废液。加入石灰使之生成氟化钙沉淀，以废渣的形式处理。

6. 有机溶剂。实验过程中使用的有机溶剂一般毒性较大且难处理，从保护环境和节约资源的角度出发，应该采取积极措施加以回收利用。回收有机溶剂的方法通常是：先在分液漏斗中洗涤，将洗涤后的有机溶剂通过蒸馏或分馏处理加以精制、纯化，所得有机溶剂纯度较高，可供实验重复使用。由于有机废液具有挥发性和毒性，整个回收过程应在通风橱中进行。

三、化学实验室的废渣

实验室的固体废物一般有分析产物、多余样品、消耗或破损的实验用品（如纱布和玻璃器皿等)、残留或失效的化学试剂等几类。这些固体废弃物应分类收集、存放，分别集中处理，尽可能采用废物回收及固化、焚烧等方法进行处理。

1. 沾附有有害物质的滤纸、包药纸、棉纸、废活性炭及塑料容器等物品，不要丢入垃圾箱内，应分类收集。

2. 废弃不用的药品可交还仓库保存或用合适的方法处理掉。

3. 废弃的玻璃物品应单独放入纸箱，用完的试剂瓶应分类进行收集。

4. 干燥剂和硅胶可用垃圾袋装好后放入带盖的垃圾桶内。

5. 其他废弃的固体药品包装好后集中放入纸箱内，放到集中放置点由专业回收公司处理。

化学实验室废弃物虽数量较少，但危害很大，必须引起足够的重视。各实验室对实验过程中产生的废弃物必须进行有效的处理，然后才能排放。要防患于未然，杜绝污染事故的发生。

附　物质（材料）安全资料表（MSDS）

（一）MSDS 的定义

"MSDS"是"Material Safety Data Sheet"的缩写，对应的中文是"物质（材料）安全资料表"。另一种意思相近的说法是"CSDS（Chemical Safety Data Sheet）"，也就是"化学品安全技术说明书"。

MSDS 是化学品生产商和进口商用来阐明化学品的理化特性（如 pH、闪点、易燃度、反应活性等）及对使用者的健康（如致癌、致畸等）可能产生的危害的文件，是关于危险化学品的安全使用、泄漏应急救护处置、法律法规等方面信息的综合性文件。在每次实验开始之前，必须查阅本次实验所涉及药品的 MSDS，做到正确使用药品，能主动进行防护，以减少可能产生的危害，预防化学事故的发生。

以硫酸（H_2SO_4）为例，MSDS 详情见表 1-1-2：

表 1-1-2　硫酸的物质（材料）安全资料表

MSDS		编号：	001	
硫酸 分子式：H_2SO_4				CAS 登记号：7664-93-9 RTECS 编号：WS5600000 UN 编号：1830 危险货物编号：81007
危　险				腐蚀品 8
强腐蚀性，有害，避免接触易燃物				

危险性

- 对皮肤、黏膜等组织有强烈的刺激和腐蚀作用。对眼睛可引起结膜炎、水肿、角膜混浊，以至失明；可引起呼吸道刺激症状，重者发生呼吸困难和肺水肿；高浓度可引起喉痉挛或声门水肿而致死。口服后可引起消化道烧伤以至形成溃疡。
- 与易燃物（如苯）和有机物（如糖、纤维等）接触会发生剧烈反应，甚至引起燃烧。能与一些活性金属粉末发生反应，放出氢气。遇水大量放热，可发生沸溅。具有强腐蚀性。

储运要求

- 储于阴凉、干燥、通风处，应与易（可）燃物、碱类、金属粉末等分储。
- 搬运时注意个人防护。
- 轻装轻卸，防止破损。

灭火方法

- 沙土，禁止用水。

泄漏处理

- 疏散泄漏污染区人员至安全区，禁止无关人员进入污染区，建议应急处理人员戴好面罩，穿化学防护服。不要直接接触泄漏物，勿使泄漏物与可燃物质（木材、纸、油等）接触，在确保安全的情况下堵漏。喷水雾减慢挥发（或扩散），但不要对泄漏物或泄漏点直接喷水。用沙土、干燥石灰或苏打灰混合，然后收集运至废物处理场所处置。也可以用大量水冲洗，经稀释的洗水应放入废水系统。如大量泄漏，可利用围堤收容，然后收集、转移、回收或作无害处理后废弃。

急　救

- 皮肤接触：脱去污染的衣着，立即用水冲洗至少15 min。或用2%碳酸氢钠溶液冲洗。及时就医。
- 眼睛接触：立即提起眼睑，用流动清水或生理盐水冲洗至少15 min。及时就医。
- 吸入：迅速脱离现场至空气新鲜处。呼吸困难时给输氧。给予2%~4%碳酸氢钠溶液雾化吸入。及时就医。
- 食入：对误服者给牛奶、蛋清、植物油等口服，不可催吐。立即就医。

防护措施	

（二）MSDS 的通识

1. 危化品特性：爆炸、着火、有毒、腐蚀、污染环境。

2. 化学品毒物进入人体的途径（图 1-1-4）。

图 1-1-4

3. 毒物对人体的危害。

呼吸系统、神经系统、血液系统、消化系统、循环系统、泌尿系统、骨骼、眼部、皮肤的损害和化学灼伤。

4. 危化品分类及标志。

① 爆炸品（图 1-1-5）。

② 压缩气体和液化气体，如易燃气体、不燃气体、有毒气体等（图 1-1-6）。

图 1-1-5   图 1-1-6

③ 易燃液体（图 1-1-7）。

④ 易燃固体、自燃物品和遇湿易燃物品（图 1-1-8）。

图 1-1-7   图 1-1-8

⑤ 氧化剂和有机氧化剂（图 1-1-9）。

图 1-1-9

⑥ 毒害品（图 1-1-10）。

图 1-1-10

⑦ 放射性物品（图 1-1-11）。

⑧ 腐蚀品（图 1-1-12）。

指能灼伤人体组织并对金属等物品造成损坏的固体或液体。与皮肤接触在 4 h 内出现可见坏死现象，或温度在 55 ℃时对 20 号钢的表面均匀年腐蚀超过 6.25 mm 的固体或液体。

图 1-1-11

图 1-1-12

5. 化学品危害的预防控制。

① 工程控制：替代、变更工艺、隔离、通风。

② 个体防护：合理配置和使用防护用品。

6. 安全禁止标志（图 1-1-13）。

图 1-1-13

7. 安全警告标志（图 1-1-14）。

图 1-1-14

8. 指令标志（图 1-1-15）。

●必须戴防护眼镜　●必须戴防毒面具　●必须戴防尘口罩　●必须戴护耳器　●必须戴安全帽　●必须戴防护帽

●必须戴防护手套　●必须穿防护鞋　●必须系安全带　●必须穿救生衣　●必须穿防护服　●必须加锁

图 1-1-15

项目二 各类实验仪器操作指南

任务一 电子分析天平标准操作规程

一、目的

规范电子分析天平的操作规程，确保电子分析天平的正确使用。

二、适用范围

适用于电子分析天平的使用与维护。

三、责任

操作人员按照本规程操作仪器，对仪器进行日常维护，作使用登记。保管人员负责监督仪器操作是否符合规程，对仪器进行定期维护和保养，确保使用的仪器处于检定有效期内。负责人负责仪器的综合管理。

四、程序

1. 接通电源，预热 2 h。

2. 校准。

（1）清除秤盘上的物品，按"去皮"键，使天平显示为"0.000 0 g"。

（2）按"校准"键，天平显示为"C"。

（3）加载 200 g 校准砝码。

（4）当天平显示校准砝码值，并发出"嘟"声时，校准完毕，自动回到称重状态，取下砝码即可。

3. 称量。

（1）将待称物品放在秤盘上，当稳定标志"g"出现时，表示读数已稳定，此时天平的显示值即为该物品的质量。

（2）如需在秤盘上称第二种物品，可按"去皮"键，使天平显示为"0.000 0 g"，放上第二种物品，显示值即为该物品的质量。这时再按"去皮"键，使天平显示为"0.000 0 g"。

（3）将秤盘上的物品全部拿掉，天平显示两物品的总质量。

4. 百分比。

（1）清除秤盘上的物品，按"去皮"键，使天平显示为"0.000 0 g"。

（2）将参考样品置于秤盘上，待读数稳定后，按"百分比"键，天平进入百分比工作状态，显示"100%"。

（3）在秤盘上添加或拿掉若干个物品，天平显示的读数即为秤盘上物品质量占参考样品质量的百分比。

（4）如需知道在秤盘中增加或减少的物品占参考样品质量的百分比，可先按"去皮"键，使天平显示为"0%"，然后再进行增加或减少物品的操作即可。

（5）如要退出百分比工作状态，在百分比工作状态下，再按一次"百分比"键即可。

5. 单位转换。

（1）清除秤盘上的物品，按"去皮"键，使天平显示为"0.000 0 g"。

（2）将待测物品置于秤盘上，当稳定标志"g"出现时，表示读数已稳定，此时天平的显示值即为该物品的质量。

（3）按"单位转换"键，天平的显示值为"g"单位值状态。

（4）再按"单位转换"键，天平的显示值又为"g"单位值状态。

6. 天平的维护与保养。

（1）天平应放在水泥台上或坚实不易振动的台上，天平室应避开附近常有较大振动的地方。天平室应注意随手关门。

（2）天平的安放应避免阳光直射、强烈的温度变化及空气对流；应安放于干燥的环境中，可在风罩内放干燥剂，如发现部分硅胶变色为粉红色，应立即更换。

（3）工作环境温度在 10~30 ℃；相对湿度在 70%以下。

（4）在称量完化学样品后，应用毛刷清洁秤盘和底板。保持天平内部清洁，必要时用软毛刷或无水乙醇擦净。

（5）称量易挥发和具有腐蚀性的物品时，应盛放在密闭的容器中，以免腐蚀和损坏电子天平。

（6）称量质量不得超过天平的最大载荷。

（7）经常对电子天平进行自校或定期外校，保证其处于最佳状态。

（8）若天平发生故障，不得擅自修理，应立即报告测试中心质量负责人。

（9）天平放妥后不宜经常搬动。必须搬动时，移动天平位置后，应在相关计量部门校正计量合格后方可使用。

五、注意事项

1. 当天平不稳定或秤盘上有物品时，按"校准"键，天平显示出错信号"CE"，此时可将秤盘上的物品拿掉，按"去皮"键，重新操作。

2. 累计去皮的总质量不得大于天平的最大称量。

3. 对于双量程天平，当称量累计大于 61 g 时，天平的读数精度变为"0.001 g"，若想回到"0.000 1 g"的读数精度，可将秤盘上的物品拿掉，按"去皮"键，天平即显示"0.000 1 g"的读数精度。

4. 百分比称量时，不同物品应有不同设置，参考样品的质量不应小于最大称量的

应用化学综合实验教程：技能训练模块化工作手册

22

5%，否则会显示"E1"，这时应重新设置样品。

5. 具有 RS-232 输出接口的天平可与计算机、电子天平记录仪等外部设备相连。当需要数据输出时，只要按一下"输出"键即可。

6. 计件数时，不同物品应有不同设置，物品单个质量应大于 10 d（d 为实际分度值），且相互间的质量差应小于天平的精度。计件功能的样本数有"10""20""40""80"可供选择。

任务二　加热板标准操作规程

一、目的

规范加热板的操作规程，确保加热板的正确使用。

二、适用范围

适用于加热板的使用与维护。

三、责任

操作人员按照本规程操作仪器，对仪器进行日常维护，作使用登记。保管人员负责监督仪器操作是否符合规程，对仪器进行定期维护、保养，确保使用的仪器处于检定有效期内。负责人负责仪器的综合管理。

四、程序

1. 将电源开关"A"置于关闭位置。

2. 将电源线插头插入电源插口"G"。

3. 接通仪器电源，仪器进入待机模式。

4. 显示屏右端的显示区域亮起一小数点（待机指示）。

5. 将电源开关"A"置于开启位置。

6. 仪器在关闭甚至断电后，所设定的任何参数值都会被自动保存。

7. 使用仪器右端的转速设定旋钮"E"设定搅拌转速。

8. 将电源开关"A"置于开启位置。

9. 仪器在关闭甚至断电后，所设定的任何参数值都会被自动保存。使用温度设定旋钮"D"（HP 系列则为旋钮"E"）设定目标加热温度，温度设定值显示在显示屏上。接通电源后，红色的 LED 加热指示灯"B"亮起。

10. 在搅拌和待机模式中，当仪器停止加热后，如果盘面温度超过 50 ℃，那么热警指示"HOE"将会闪烁于显示屏。

11. 将电源开关"A"置于关闭位置，拔掉短路子。

12. 将符合 DIN 12878（2 级）的安全接触温度计插入温度计插口"H"。

13. 将电源开关"A"置于开启位置。

14. 请遵循接触式温度计的使用说明进行操作。

五、注意事项

1. 当连接接触式温度计后，加热盘温度设定值依然会显示在显示屏上。

2. 以下方面须予以特别注意，以免发生危险：

（1）易燃物质。

（2）低沸点可燃物质。

（3）易碎玻璃容器。

（4）容器大小不合适。

（5）溶液过量。

（6）容器处于不安全状态。

（7）处理病原体介质时，未在密闭容器或通风橱中进行。

（8）处理闪点低于安全温度值的介质（闪点不低于 575 ℃）。

任务三　加热套标准操作规程

一、目的

规范加热套的操作规程，确保加热套的正确使用。

二、适用范围

适用于加热套的使用与维护。

三、责任

操作人员按照本规程操作仪器，对仪器进行日常维护，作使用登记。保管人员负责监督仪器操作是否符合规程，对仪器进行定期维护、保养，确保使用的仪器处于检定有效期内。负责人负责仪器的综合管理。

四、程序

1. 将盛放搅拌子并盛有溶液的烧瓶和烧杯放在加热套上。

2. 开启加热控制电源，电源指示灯发亮，右旋加热控制旋钮，加热控制指示灯变亮，整机开始工作。

3. 开启搅拌控制电源，电源指示灯发亮，右旋转速控制旋钮，搅拌子即开始转动，调节转速至实验需要为止。

五、注意事项

1. 由于加热套表面涂有油质，第一次使用时冒白烟是正常现象，随即表面变成棕色，数分钟后可恢复原色。

2. 加热和搅拌既可同时使用，也可以单独使用。

3. 加热工作时，注意不要接触电热套，以免烫伤。

4. 搅拌调速时应从低挡开始。

5. 操作使用时，注意不要将溶液溅到机器上。

6. 使用完毕后，应关闭电源开关，冷却后存放到通风干燥处。

任务四　搅拌器标准操作规程

一、目的

规范 RW20 数显型搅拌器的操作，确保仪器使用过程中的准确性。

二、适用范围

适用于 RW20 数显型搅拌器的使用与维护。

三、责任

操作人员按照本规程操作仪器，对仪器进行日常维护，作使用登记。保管人员负责监督仪器操作是否符合规程，对仪器进行定期维护、保养，确保使用的仪器处于检定有效期内。负责人负责仪器的综合管理。

四、程序

1. 检查各个线路的连接是否正常，调节水平调节螺栓，使电动搅拌器处于水平位置，确保转速调节旋钮逆时针到底，定时旋钮红星指向"OFF"处。

2. 接通电源，打开电源开关，调节转速旋钮至合适转速。

3. 旋转定时旋钮至合适时间。

五、注意事项

1. 电动搅拌器不使用时应注意清洁，转速旋钮逆时针调至最低，定时旋钮调至"OFF"处，仪器放置于通风干燥处。

2. 电动搅拌器可根据所需搅拌物体的数量进行搅拌桨的更换，应根据实际情况选择合适材质和合适大小的搅拌桨，装卸搅拌桨时必须保证电源开关处于关闭状态。旋转螺丝须拧紧，不得有任何松动；固定螺栓也须拧紧，不得有任何松动。

3. 搅拌器长时间使用会出现发热现象，此时应根据实际情况调整转速或者关闭机器进行散热处理。搅拌器的保养必须由专人进行，未经学习和训练的人员不得操作使用本仪器。

任务五　通风橱标准操作规程

一、目的

规范通风橱的操作规程，确保通风橱的正确使用。

二、适用范围

适用于实验室通风橱的使用与维护。

三、责任

操作人员按照本规程操作仪器，对仪器进行日常维护，作使用登记。保管人员负责监督仪器操作是否符合规程，对仪器进行定期维护、保养，确保使用的仪器处于检定有效期内。负责人负责仪器的综合管理。

四、程序

1. 通电。按"电源开关"键通电后，"运行中"指示灯亮。

2. 打开照明灯、马达（风机）。按"照明开关"键，"运行中"指示灯亮；按"马达开关"键，"运行中"指示灯亮，说明马达已开启。

3. 实验。等开启"马达开关"键，"运行中"指示灯亮 10 min 后再开始实验，双手提起通风橱门 20 cm 左右，必须保证不影响实验视野。

4. 实验结束后，应及时清理实验台面，防止污染。

5. 关闭照明灯、马达。清洁完毕后，关闭通风橱门，保持马达"运行中"继续运行 10 min，按"照明开关"键和"马达开关"键，自动关闭照明灯和马达，屏幕照明灯和马达指示标志消失。

6. 关闭电源。按"电源"键，断电。若断电前照明灯或马达没有关闭，系统自动延迟 30 s 关机。

7. 清洁、维护和保养。实验结束后，及时清理实验台面，用 1% 的 84 消毒液喷洒实验区域，用纸巾擦净；再用 75% 酒精喷洒后擦净。

8. 维护和保养。每次实验前要检查抽风管道的气流是否畅通。经常清洁通风橱内外表面、通风管道及橱内台面，保持清洁。

五、注意事项

1. 使用通风橱之前，必须先开启排风机，然后才能在橱内进行实验工作。

2. 使用通风橱时，必须在工作台面上进行操作，切勿在橱外做危险、有毒的实验，以免有毒气体挥发到室内，危及实验人员的安全。

3. 操作实验时，切勿用头、手等身体的任何部分，甚至其他硬物碰撞玻璃窗。

4. 禁止在通风橱内存放易燃易爆物品，或进行此类物品的实验。

5. 禁止将防爆玻璃窗拉得太高，只有在组装、调试通风橱内部仪器设备或清洁橱内时方可如此操作，否则会导致有害气体不能完全排出。

6. 不做实验时，应将通风橱的防爆玻璃窗降至最低位置。

7. 实验结束后，关上所有电源，再对通风橱进行清洁，清除溅在台面或侧板的杂物及溶液，切勿在带电或电机运转时清理。

8. 通风橱内应避免放置过多非必要物品和器材，以免干扰空气的正常流动。

9. 不宜长时间在通风橱内使用电炉，以免影响通风橱的使用。若确实需要在通风橱内使用电炉，应在电炉的下面垫上石棉垫或隔热板。

任务六　压缩机标准操作规程

一、目的

规范空气压缩机的操作规程，确保空气压缩机的正确使用。

二、适用范围

适用于空气压缩机的使用与维护。

三、责任

操作人员按照本规程操作仪器，对仪器进行日常维护，作使用登记。保管人员负责监督仪器操作是否符合规程，对仪器进行定期维护、保养，确保使用的仪器处于检定有效期内。负责人负责仪器的综合管理。

四、程序

1. 电路连接：接好电源，接好地线或设置漏电保护装置。
2. 启动：确认参数正确、状态正常后，再按"启动"键，空压机进入启动程序。
3. 运行：正常运行后，主画面显示排气压力和排气温度。当排气温度高于环境温度 32 ℃时，按"加载/卸载"键，机器即可进入正常运行。
4. 停机：运行后如要停机，按"停机"键，机器进入停机程序，经停机延时后，正式停机，然后进入重启延时程序。

五、注意事项

1. 避免频繁停机或启动机器，除了必须频繁启停的特殊场合外，在压缩机调试/使用过程中应尽量避免频繁启动，特别是高压下的即刻启动，每次停止/启动的间隔时间最少为 15 min。
2. 停机时按下"卸载"按钮，等压力降到 0~0.3 MPa 后按下"停止运行"按钮停止运行。

任务七　分光光度仪标准操作规程

一、目的

规范分光光度仪的操作规程，确保分光光度仪的正确使用。

二、适用范围

适用于分光光度仪的使用与维护。

三、责任

操作人员按照本规程操作仪器，对仪器进行日常维护，作使用登记。保管人员负责监督仪器操作是否符合规程，对仪器进行定期维护、保养，确保使用的仪器处于检定有效期内。负责人负责仪器的综合管理。

四、程序

1. 测量前准备。

（1）开机自检。确认仪器光路中无阻挡物，关上样品室盖，打开仪器电源开始自检。

（2）预热。仪器自检完成后进入预热状态。若要精确测量，预热时间必须在 30 min 以上。

（3）确认比色皿。在将样品移入比色皿前，应先确认比色皿是否干净、无残留物。若测试波长小于 400 nm，请使用石英比色皿。

2. 光度计模式（光度测量）。

（1）进入光度计模式。在主界面，按数字键"1"或上下键选择"光度计模式"后按"ENTER"键进入。

（2）设置测量模式。按功能键设置测量模式，按上下键选择"吸光度""透过率"或"含量"模式，按"ENTER"键确认。如果选定的测量模式为"吸光度"或"透过率"，直接跳到第五步。

（3）设置浓度单位。按功能键设置浓度单位，按"ENTER"键确认。如果没有需的单位则选"自定义"，按数字键输入自定义浓度单位并按"ENTER"键确认。

（4）设置波长。按"GOTOX"键进入，按数字键输入波长值，按"ENTER"键设定的波长值。

（5）校准 100% T/0Abs。将参比置于参考光路和主光路中，按"100% T/0Abs"校准 100% T/0Abs。

（6）将参比置于参考光路中，将标准样品置于主光路中，按功能键开始标样测量，按数字键输入标样含量，按"ENTER"键确认后标样浓度值会显示在屏幕上。

3. 紫外可见分光光度计的日常维护和保养。

（1）可见分光光度计应安装在室内，并经常使用吹气球吹除反射镜、透镜上的灰尘，经常清洁仪器密封窗、放射镜、透镜等光学元件。注意不能用手直接碰触，若有手指印记，必须使用专业的擦净纸擦拭。对于污染严重的部件必须更换配套的元器件。

（2）可见分光光度计的电转换元件应避免受潮积尘或受到强光照射，也不可以长时间曝光。

（3）可见分光光度计必须定期更换干燥剂，要避免单色器盒的色散元件受潮，防止影响仪器的基本使用。在仪器使用完毕后，应使用防尘罩将仪器整体遮蔽，并放置防潮硅胶，避免仪器部分受潮发霉。

（4）为了延长仪器的使用寿命、降低返厂维修频率，在使用仪器的过程中，应尽可能减少开关仪器的次数。若发现光源亮度明显减弱或光源不稳定，应及时更换新的光源元件。在仪器关闭后，不要立即重启仪器，必须静待片刻，待仪器本身的散热程序运行完毕再开启仪器。

（5）分光系统是可见分光光度计的核心光学部件，对清洁度、精准度的要求极高，非专业人员切记不要随意打开密封机罩；必须打开的，应由专业操作人员在特定的维修环境下操作，以避免分光系统受损。

（6）根据 JC-DR850 超微量紫外可见分光光度计的操作规程要求，正确使用吸收池，并按照保养标准操作规程对吸收池的光学面进行细致的保护。

五、注意事项

1. 操作设备时应确保环境的温度及相对湿度满足要求（温度为 15~35 ℃，相对湿度不大于 80%）。

2. 操作时不允许碰伤光学镜面，且不可以擦拭其镜面。

3. 仪器周围无有害气体及强腐蚀性气体，且不应该有强振动源。

4. 设备使用电源为 220 V±10%，开机前应确认电源是否符合设备要求。

任务八　折射仪标准操作规程

一、目的

规范 2WA-J 阿贝折射仪的操作规程，确保 2WA-J 阿贝折射仪的正确使用。

二、适用范围

适用于 2WA-J 阿贝折射仪的使用与维护。

三、责任

操作人员按照本规程操作仪，对仪器进行日常维护，作使用登记。保管人员负责监督仪器操作是否符合规程，对仪器进行定期维护、保养，确保使用的仪器处于检定有效期内。负责人负责仪器的综合管理。

四、程序

1. 使用过程。

（1）仪器安装：将阿贝折射仪安放在光亮处，但应避免阳光的直接照射，以免液体试样受热迅速蒸发。用超级恒温槽将恒温水通入棱镜夹套内，检查棱镜上温度计的读数是否符合要求。

（2）加样：旋开测量棱镜和辅助棱镜的闭合旋钮，使辅助棱镜的磨砂斜面处于水平位置。若棱镜表面不清洁，可滴加少量丙酮，用擦镜纸顺单一方向轻擦镜面（不可来回擦）。待镜面洗净干燥后，用滴管滴加数滴试样于辅助棱镜的毛镜面上，迅速合上辅助棱镜，旋紧闭合旋钮。若液体易挥发，动作要迅速，或先将两棱镜闭合，然后用滴管加液。

2. 日常维护。

（1）仪器应置放于干燥、空气流通的室内，以免光学零件受潮后生霉。

（2）当测试腐蚀性液体时应及时做好清洗工作（包括光学零件、金属零件及油漆表面），防止侵蚀损坏阿贝折射仪。仪器使用完毕后必须做好清洁工作。存放仪器的木箱内应存有干燥剂（变色硅胶），以吸收潮气。

（3）仪器使用前后及更换样品时，必须先清洁折射棱镜系统的工作表面。

（4）被测试样中不应有硬性杂质；当测试固体试样时，应防止把折射棱镜表面拉毛或产生压痕。

（5）注意保持仪器清洁，严禁用油手或汗手触碰光学零件。若光学零件表面有灰尘，可用高级鹿皮或长纤维的脱脂棉轻擦，然后用皮吹风吹去。如果光学零件表面沾上了油垢，应及时用酒精-乙醚混合液擦干净。仪器应避免强烈振动或撞击，以防止光学零件损伤及影响精度。

五、注意事项

1. 使用时要注意保护棱镜，清洗时只能用擦镜纸而不能用滤纸等。加试样时不能让滴管口触及镜面。不得使用阿贝折射仪测定酸、碱等腐蚀性液体。

2. 每次测定时，试样不可加得太多，一般只需加2~3滴即可。

3. 要注意保持仪器清洁，保护刻度盘。每次实验完毕，要在镜面上加几滴丙酮，并用擦镜纸擦干。最后用两层擦镜纸夹在两棱镜镜面之间，以免镜面损坏。

4. 读数时，有时在目镜中观察不到清晰的明暗分界线，而是畸形的，这是由于棱镜间未充满液体。若出现弧形光环，则可能是由于光线未经过棱镜而直接照射到聚光透镜上。

5. 若待测试样的折射率不在1.3~1.7范围内，则阿贝折射仪不能测定，也看不到明暗分界线。

任务九　熔点仪标准操作规程

一、目的

规范熔点仪的仪器操作，确保熔点仪的正常使用。

二、适用范围

适用于实验熔点仪的使用与维护。

三、责任

操作人员按照本规程操作仪器，对仪器进行日常维护，作使用登记。保管人员负责监督仪器操作是否符合规程，对仪器进行定期维护、保养，确保使用的仪器处于检定有效期内。负责人负责仪器的综合管理。

四、程序

1. 先装样，将样品置于瓷研钵内，轻轻将之研碎成尽可能细密的粉末，以得到均一的样品。

（1）取一支或数支清洁、干燥的熔点管，将其开口端插进样品中，装入样品。

（2）取一支长约 0.8 m 的干燥玻璃管，直立于玻璃板上，将装有试样的熔点管在其中投落至少 20 次，使熔点管内样品紧缩至 3~4 mm 高。如果同时测两个样品进行比较，样品的高度应该一致，以确保测量结果的一致性。

（3）如果所测的是易分解或易脱水样品，应将熔点管另一端熔封。

2. 熔点测定。

（1）打开仪器电源开关，预热 10 min 后，设置起始温度和升温速率。

（2）将熔点管插入样品插座，保持 3~5 min 后，按"升温"键开始测定，仪器面板自动显示熔化曲线。

（3）根据熔化曲线，读出初熔温度和终熔温度。

（4）待炉温下降到起始温度后，重复测定，读取算术平均值为测定结果。两次测定的初熔温度加终熔温度的平均值之差不大于 1 ℃。

3. 关机。

将熔点仪起始温度设置为 30 ℃，待仪器温度达到设置温度后，关闭熔点仪电源开关。

4. 熔点仪的维护与保养。

（1）熔点仪应在干燥通风的室内使用，切忌沾水，防止分度盘受潮。仪器采用三芯电源插头，接地端应接大地，不能用中线代替。

（2）熔点仪使用的毛细管只允许使用原厂提供的产品，切忌用手工控制的毛细管替代，以防太紧而断裂。

（3）熔点仪使用的传温介质硅油必须用 201-100 甲基硅油，如用其他型号的硅油，则仪器应重新用标准品校验。

（4）熔点仪经过长期使用后，如果油质发生变化，应重新调换硅油。调换硅油的方法是：关掉仪器电源，待油浴管冷却后，按使用前准备工作中描述的方法卸下油浴管，清洗后再装入仪器内，重新注入硅油即可使用。

（5）在使用熔点仪的过程中如果遇到毛细管断裂，应先关掉电源，待炉子冷却后打开上盖，用玻璃转子流量计把断裂的毛细管取出。如果断裂的毛细管落入油浴管中，则按使用前准备工作中描述的方法卸下油浴管，取出毛细管，然后再装入仪器内。

（6）熔点仪应定期送至制造厂进行校验。

（7）观察窗放大镜应保持清洁，油浴管也应保持清洁，接地电阻测试仪应定期用软布擦去玷污的灰尘。

五、注意事项

1. 样品必须按要求焙干，在干燥和洁净的碾体中碾碎，用自由落体敲击毛细管使样品填装结实，填装高度应一致，具体要求应符合药典的规定。

2. 插入与取出毛细管时，必须小心谨慎，避免断裂。

3. 线性升温速率不同，铜套温度计温室结果也不一致，必须制订一定规范。

4. 被测样品最好一次填装 5 根毛细管，分别测定后取中间 3 个读数的平均值作为测量结果，以消除毛细管及样品制备填装带来的偶然误差。

5. 毛细管插入仪器前应用软布清除外面沾污的物质，以免弄脏油浴。

6. 如果需要更换油浴管，应按使用前准备工作中描述的方法进行。

任务十　去离子水机标准操作规程

一、目　的

规范去离子水机的仪器操作，确保去离子水机的正常使用。

二、适用范围

适用于去离子水机的使用与维护。

三、责　任

操作人员按照本规程操作仪器，对仪器进行日常维护，作使用登记。保管人员负责监督仪器操作是否符合规程，对仪器进行定期维护、保养，确保使用的仪器处于检定有效期内。负责人负责仪器的综合管理。

四、程　序

1. 准备。

（1）检查纯水机组设备情况，具体包括：前处理系统是否正常、反渗透系统是否正常。

（2）检查 EDI 电去离子系统是否正常；如有故障，则应在修复后使用。

（3）检查工作场地是否有杂物；如有杂物，则应清理干净。

2. 反渗透系统操作。

（1）首先将自来水总进水阀门打开，开始向自来水箱内注水。

（2）将多介质过滤器和活性炭过滤器的工作阀门全部打开，而将反洗阀门全部关闭。

（3）打开反渗透系统总电源开关，总电源指示灯亮。

（4）打开原水泵、高压泵分开关。

（5）依次启动电源柜面板上的原水泵、高压泵开关。

（6）每周检测产水浑浊度，若浑浊度超过 1，请检查原因。

（7）反渗透系统会按照设定的顺序先后启动原水泵、自动加药泵、高压泵及清洗电磁阀，待清洗结束，系统即开始制水。

（8）调节反渗透浓水调节阀和高压泵回流阀，使反渗透系统的进水压力和浓水压力在 1.2~1.3 MPa，纯水流量在 6~7 t/h，浓水与纯水流量之比在 1：1~3：2。一般系统在第一次调好后不需要再调节，除非压力和流量出现异常。

五、注意事项

1. 切勿擅自改装或拆装去离子水机。
2. 切勿在过高或过低温度下使用去离子水机。
3. 切勿在高水压条件下使用去离子水机。
4. 废水排放管不能堵塞，废水比不能异常。
5. 请勿将去离子水机放置在室外使用。

任务十一　密度计标准操作规程

一、目的

规范密度计的仪器操作，确保密度计的正常使用。

二、适用范围

适用于密度计的使用与维护。

三、责任

操作人员按照本规程操作仪器，对仪器进行日常维护，作使用登记。保管人员负责监督仪器操作是否符合规程，对仪器进行定期维护、保养，确保使用的仪器处于检定有效期内。负责人负责仪器的综合管理。

四、程序

1. 校准。

（1）开机预热 15 min。

（2）蒸馏水清洗后再用无水乙醇清洗。

① 轻按"DRY"键，将空气管接到排样口，界面出现"风轮"，干燥 1 min 以上，轻按"停"键，干燥结束。

② 在开机界面轻按"ADJ"键。

③ 在校准界面轻按"开始"，校准开始，按界面提示依次进行空气、水的校正。

（3）蒸馏水和标准蔗糖溶液验证。

① 用已校准过的密度计测定蒸馏水。蒸馏水密度应为 0.99820 ± 0.00004 g/cm³。

② 用经处理的基准蔗糖配制白利度 5.00 左右的蔗糖溶液，根据实际质量计算出两种蔗糖溶液的理论白利度值，并记录。

③ 用已校准过的密度计测定所配制蔗糖溶液的白利度值，并记录。糖液显示值应为：标准糖液浓度±0.01 Brix。

④ 蒸馏水和标准糖液验证必须全部合格，仪器方可投入使用；否则，必须重新对仪器进行校准。

⑤ 日常应定期用蒸馏水和标准糖液对仪器准确度进行验证，若不满足以上两个条

件，均须对仪器进行校准。

（4）测量。

① 仪器开始提示做一系列的工作，仪器自动检测，在屏幕上可以看到样品的密度和白利度数值。若样品温度下降到 20 ℃检测就结束，应再按一次"测量"键，让仪器对样品继续检测，读其在 20 ℃时的检测值，并记录。

② 按"结果"键可在屏幕上显示检测数据。

③ 测试完样品后按仪器提示排空样品池，并冲洗。

2. 维护保养。

（1）每次擦拭仪器外表面特别是进样口周围，不要在仪器上残留糖液。

（2）用易挥发溶剂（丙酮或乙醇）冲洗样品池一次，并按"DRY"键将仪器烘干。

五、注意事项

1. 使用前注意事项。密度计在使用前及移动位置后，请进行质量校准。

2. 使用时注意事项。

（1）含有静电测量物，请勿直接放入密度计上测量，否则会影响测量结果。

（2）操作时，须小心轻放，并将测量物放置在测量台的中央位置。

（3）请勿使用尖利物品直接触碰按键。

（4）每次测量前，按"ZERO"键归零，可避免产生测量误差。

3. 特别注意事项。

（1）避免机器受到撞击和摔落。

（2）请勿自行拆卸仪器。

（3）请勿使用有机溶剂擦拭机器。

（4）避免灰尘和水进入机器内部。

（5）请勿超载使用。

（6）如长时间不使用，请将电源断开，并将测量台取下。

任务十二　鼓风干燥箱的标准操作规程

一、目的

规范 JC101-2A 型数显鼓风干燥箱的仪器操作，确保鼓风干燥箱的正常使用。

二、适用范围

适用于 JC101-2A 型数显鼓风干燥箱的使用与维护。

三、责任

操作人员按照本规程操作仪器，对仪器进行日常维护，作使用登记。保管人员负责监督仪器操作是否符合规程，对仪器进行定期维护、保养，确保使用的仪器处于检定有效期内。负责人负责仪器的综合管理。

四、程序

1. 使用前控温检查：第一次开机或使用一段时间或当季节（环境湿度）变化时，必须复核工作室内测量温度与实际温度之间的误差，即控温精度。

2. 样品放置：把需干燥处理的物品放入干燥箱，上下和四周应留存一定空间，保持工作室内气流畅通，关闭箱门。

3. 开机：打开电源及风机开关，此时电源指示灯亮，电机运转，控温仪显示。经过"自检"过程后，PV 屏应显示工作室内测量温度，SV 屏应显示使用中需干燥的设定温度，此时干燥箱即进入工作状态。

4. 设定温度、时间：点击"设定"键，进入温度设定状态，显示窗上排显示提示符"SU"，再按"↑""↓"键修改所需要的设定值；再点击"设定"键进入恒温时间设定状态，显示窗上排显示"ST1"，可通过"↑""↓"键修改所需要的设定值（单位：分钟）；再点击"设定"键退出此设定状态，修改的数值自动保存。时间到"OUT"时灯熄灭，"ST"设定为"0"时没有定时功能。

5. 关机：干燥结束后，如需更换干燥物品，则打开箱门（更换前先将风机开关关掉，以防干燥物被吹落掉）更换；更换完干燥物品后（注意：取出干燥物时，千万注意防止被烫伤），关好箱门，再打开风机开关，使干燥箱再次进入干燥过程。如果不再继续干燥物品，则把电源开关关掉，待箱内冷却至室温后，取出箱内干燥物品，将工作室擦干。

五、注意事项

1. 该设备属大功率高温设备，使用时要注意安全，防止火灾、触电及烫伤等事故的发生。

2. 该设备应安放在室内干燥、水平处，防止振动。电源线不可设置在金属器物旁，不可置于湿润环境中，避免橡胶老化导致漏电。

3. 该设备周围严禁滞留、囤放易燃易爆等低燃点及酸性腐蚀性等易挥发性物品，如有机溶剂、压缩气体、油盆、油桶、棉纱、布屑、胶带、塑料、纸张等易燃物品。

4. 严禁易燃、易爆、酸性、挥发性、腐蚀性等物品入箱。

注意：使用人员在不确定烘烤物料属性的情况下，必须得到研发人员确认后方可进行烘烤，严禁自行烘烤。纸片、标签、胶瓶、塑料杯等常见易燃物禁止入箱。

5. 为防止烫伤，取放物品时应戴手套进行洗涤、刮漆和喷酒精等工作。

6. 不得在烘箱内存放物品，如工具、器材零件，以及油料、酒精挥发物等。

7. 干燥箱透明可视窗不可用有机溶剂擦拭，不可用锐物刮伤刮裂，必须保持干净透亮。

8. 干燥箱可调松紧的门锁必须调整适当，使烘箱在工作状态中与外界无漏风、串风现象。

9. 要注意用电安全，根据干燥箱耗电功率安装足够容量的电源闸刀。选用足够截面积的电源导线，并应有良好的接地线。使用前要检查自控装置，检查指示信号是否灵敏有效，电气线路绝缘是否完好可靠。

任务十三　pH 计标准操作规程

一、目的

规范雷磁 pH 计的仪器操作，确保 pH 计的正常使用。

二、适用范围

适用于雷磁 pH 计的使用与维护。

三、责任

操作人员按照本规程操作仪器，对仪器进行日常维护，作使用登记。保管人员负责监督仪器操作是否符合规程，对仪器进行定期维护、保养，确保使用的仪器处于检定有效期内。负责人负责仪器的综合管理。

四、程序

1. 开机前的准备。

（1）打开仪器电池盒，装入 5 号电池。

（2）将 pH 复合电极下端的电极保护套拔下，并且拉下电极上端的橡皮套使其露出上端小孔。

（3）用蒸馏水清洗电极。

2. 电位（mV）的测量。

（1）按"开关"键，接通电源，仪器进入"mV"测量状态。

（2）把电极插在被测溶液内，即可在显示屏上读出该离子选择电极的电极电位（mV 值），还可自动显示正负极性。

注意：如果被测信号超出仪器测量范围或测量端开路，则显示屏不亮。

3. pH 的测量。

（1）仪器使用前首先要标定。一般情况下仪器在连续使用时，每天要标定一次。

按"开关"键，接通电源，仪器进入"mV"测量状态。

按"模式"键，仪器进入温度设置状态，"C"指示符号闪烁。

按"△"或"▽"键，使仪器温度显示为标定溶液的温度。

按"确认"键，把设置的温度存入仪器内，此时"C"指示符号停止闪烁。

（2）然后再按"模式"键，此时仪器显示"STD1"，表明仪器进入第一点标定（如果不需要进行标定则再按"确认"键 2 次，使仪器显示"MEAS"直接进入 pH 测量）。把用蒸馏水清洗过的电极插入 3 种 pH 缓冲溶液中的任意一种，此时仪器显示此缓冲溶液的电位（mV 值），待读数稳定后按"确认"键，仪器显示此缓冲溶液的 pH，第一点标定结束。再按"模式"键，此时仪器显示"STD2"，表明仪器进入第二点标定状态。

（3）把清洗过的电极插入另一种 pH 缓冲溶液中，此时仪器显示第二点缓冲溶液的电位（mV）值，待读数稳定后按"确认"键，仪器显示第二点缓冲溶液的 pH，再按"模式"键，此时"STD2"熄灭，"MEAS"显示，表明仪器标定结束进入 pH 测量状态。

用蒸馏水清洗电极后即可对被测溶液进行测量。

4. 测量。

经过标定的仪器即可用来测量被测溶液。被测溶液与标定溶液温度不同时，测量步骤也有所不同。

（1）被测溶液与标定溶液温度相同时，测量步骤如下：用蒸馏水清洗电极头部，再用被测溶液清洗 1 次。把电极浸入被测溶液中，用玻璃棒搅拌溶液，待溶液均匀后读出该溶液的 pH。

（2）被测溶液与标定溶液温度不同时，测量步骤如下：

① 用蒸馏水清洗电极头部，再用被测溶液清洗 1 次，用温度计测出被测溶液的温度值。

② 按"模式"键使仪器进入温度设置状态，按"△"或"▽"键，使仪器温度显示为测量溶液的温度，再按"确认"键，此时"C"指示符号停止闪烁。再按"模式"键 3 次，使仪器显示"MEAS PH"状态，即可测量溶液的 pH。再把电极插入被测溶液内，用玻璃棒搅拌溶液，待溶液均匀后读出该溶液的 pH。

（3）如果仪器出现不正常现象，可将仪器关掉，然后按住"确认"键，再将仪器打开，使仪器处于初始化状态。

五、注意事项

1. 电极在测量前必须用已知 pH 的标准缓冲溶液进行校准，其 pH 愈接近被测 pH 愈好。

2. 取下电极护套后，应避免电极的敏感玻璃球泡与硬物接触，因为任何破损或擦毛都会使电极失效。

3. 测量结束后，及时将电极保护套套上，电极套内应放少量外参比补充液，以保持电极球泡的湿润，切忌浸泡在蒸馏水中。

4. 符合电极的外参比补充液应高于被测溶液液面 10 mm 以上。如果低于被测溶液液面，应及时补充外参比补充液。复合电极不使用时，应拉上橡皮套，防止补充液干涸。

5. 电极的引出端必须保持清洁干燥，绝对防止输出两端短路，否则将导致测量失准或失效。

6. 信号输入端必须保持干燥清洁。仪器不使用时，将 Q 短路插头插入插座，防止灰尘及水汽浸入。

7. 电极应避免长期浸在蒸馏水、蛋白质溶液和酸性氟化物溶液中。电极应避免与有机硅油接触。

8. 电极经长期使用后果如发现斜率略有降低，可把电极下端浸泡在 4% 氟化氢（HF）中 3~5 s，用蒸馏水洗净，然后在 0.1 mol/L 盐酸溶液中浸泡，使之复新。

9. 如果被测溶液中含有易污染敏感球泡或堵塞液接界的物质，会使电极钝化，从而出现斜率降低、显示读数不准现象。如发生上述现象，应根据污染物质的性质，用适当溶液清洗，使电极复新。

10. 请不要让强烈阳光长时间直射液晶显示器，以延长液晶显示器的使用寿命。必须防止硬物碰撞或划伤显示器表面玻璃。

11. 若长时间不用仪器请将电池取出。

12. 选用清洗剂时，不得使用四氯化碳、三氯乙烯、四氢呋喃等能溶解聚碳酸树脂的清洗液，因为电极外壳是用聚碳酸树脂制成的，其溶解后极易污染敏感玻璃泡球，从而使电极失效；也不能用复合电极去测上述溶液。

13. 在 pH 复合电极的使用中，最容易出现的问题是外参比电极的液接界堵塞。

模块二

企业产品的制备

自主创新是企业的生命，是企业爬坡过坎、发展壮大的根本。关键核心技术必须牢牢掌握在自己手里。

——习近平

没有现代化的技术，就没有现代化的工业。

——周恩来

项目一 橙皮中橙油的提取

一、任务描述

工业上常通过水蒸气蒸馏来提取植物中的精油，本次实验是模拟工业上常用的水蒸气蒸馏法来提取橙皮中的橙油。

在本次工作任务中，我们将学习水蒸气蒸馏的基本原理、适用范围，以及被蒸馏物应具备的条件；掌握水蒸气蒸馏仪器的组装和使用方法。

二、任务提示

（一）工作方法

1. 根据任务描述，通过线上学习与讨论掌握水蒸气蒸馏法的原理，学会搭建水蒸气蒸馏装置的方法，熟悉从橙皮的准备到提取初产物橙油的操作。通过查询互联网、查阅图书馆资料等途径收集、分析有关信息。

2. 查阅资料完成资料卡。

3. 根据项目导学案，制订实验计划，完成实验。

4. 对于出现的问题，请先自行解决，如确实无法解决，再寻求帮助。

5. 与指导教师讨论，进行学习总结。

（二）工作内容

1. 工作过程按照"六步法"实施。

2. 认真回答引导问题，仔细填写相关表格。

3. 小组合作完成任务，对任务完成情况的评价应客观、全面。

4. 进行现场"7S"管理，并按照岗位安全操作规程进行操作。

（三）知识储备

1. 普通蒸馏的原理及适用范围。

2. 橙油的主要成分及用途。

3. 水蒸气蒸馏的原理及适用范围。

（四）注意事项与安全环保知识

1. 熟悉实验相关仪器的使用方法。

2. 实验尽量采用新鲜橙皮，干的橙皮效果较差。

3. 注意蒸馏操作中安全管内的水位，避免堵塞现象的发生。

4. 完成实验并经教师检查评估后，拆下实验装置。

5. 实验结束后，将实验器材放回原来位置，做好实验室"7S"管理。

三、工作过程

（一）信息

1. 从"网络课程"接受任务，通过查询互联网、查阅图书馆资料等途径收集、分析有关信息，完成资料卡。

资料卡的内容要求如下：

（1）水蒸气蒸馏法的定义、原理、适用范围。

（2）植物精油的提取方法、作用及功效。

2. 在网络讨论组内进行成果分享、交流与讨论。

（二）计划

按照任务导学，完成导学问题。

学习任务一：被蒸馏物的条件。

什么样的物质可以通过水蒸气蒸馏进行分离纯化？

学习任务二：水蒸气蒸馏操作流程。

（1）蒸馏开始和结束时的正确操作顺序是怎样的？

（2）进行水蒸气蒸馏时，蒸气导入管的末端为什么要插到接近容器的底部？

（3）在蒸馏过程中，必须经常检查安全管中的水位，试说明安全管中水位上升很高的原因及处理方法。

（4）怎样判断蒸馏操作是否结束？

学习任务三：列出本次实验所用器材、药品的名称、规格和数量（表 2-1-1）。

表 2-1-1　器材、药品选型

序号	器材、药品名称	规格	数量	备注
1				
2				
3				
4				
5				
6				
7				
8				
9				
10				

（三）决策

1. 制订实验计划流程表，绘制实验装置图，并通过网络传送给指导教师。

（1）填制实验计划流程表（表 2-1-2）。

表 2-1-2　实验计划流程表

序号	提取步骤	预期现象	备注
1			
2			
3			
4			
5			
6			
7			
8			
9			
10			
11			

（2）绘制实验装置图。

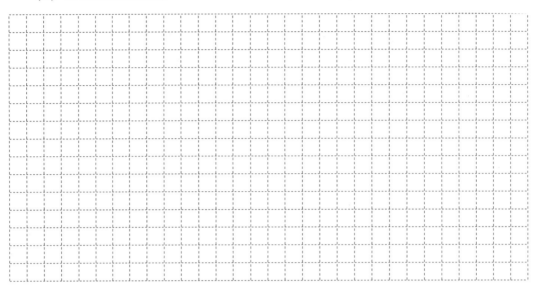

2. 方案展示。

已上传实验计划流程表和装置图的同学进行方案展示，其他同学对该方案提出意见和建议，完善方案。

（四）实施

1. 自主搭建实验装置并进行实验操作，及时记录实验现象。

各成员完善实验步骤，对新鲜的橙皮进行预处理，搭建实验装置并进行气密性检查，及时记录实验现象及操作时间（表2-1-3）。

要求：独立完成实验操作，操作必须规范、安全。

表 2-1-3 实验流程记录表

序号	具体操作步骤	实验现象	操作时间
1			
2			
3			
4			
5			
6			
7			
8			
9			
10			
11			
12			

2. 成果分享。

各成员以小组为单位分享及解答实验过程中的问题。针对问题，教师及时进行现场指导与分析。

（五）实验现象及结论

1. 对照实验现象，进行实验讨论并得出原因（表 2-1-4）。

表 2-1-4 数据记录表

实验现象	现象解释

2. 对结果进行分析，以便总结、评价与提升。

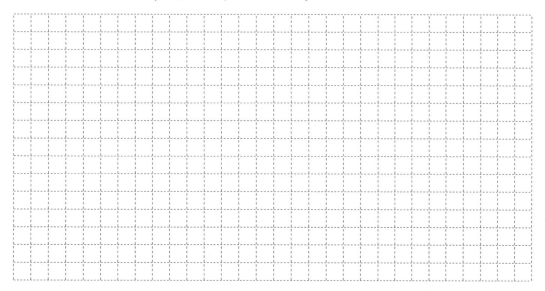

（六）评价

填写项目任务工作评价表（表2-1-5）。

表2-1-5　项目任务工作评价表

小组名称				姓名			评价日期	
项目名称							评价时间	
否决项		违反设备操作规程与安全环保规范，造成设备损坏或人身事故，该项目0分						

评价要素	配分	各项操作要求评分细则		自我评价	小组评价	教师评价
1 实训前准备	12分	1. 佩戴安全眼镜	每错1项扣2分			
		2. 穿好实验服				
		3. 把头发扎起来，不允许佩用披肩、围巾				
		4. 穿好覆盖全身的衣服，穿封闭式的鞋子				
		5. 在不同的实验操作要求下准备好不同规格及性能的手套				
		6. 根据任务导学提前进行实验预习，制订合理的工作计划				
2 实验操作实施与检查	30分	1. 试剂、药品的取用、存放、清理	每错1项扣3分			
		2. 精密仪器操作规范，仪器设备确定好使用人				
		3. 玻璃仪器清洗完毕后，把仪器表面上的水擦干净，以免加热锅短路/断路				
		4. 冷却水的使用：控制好流速，不宜过快，否则太浪费，而且接口处容易爆开				
		5. 传感器的信号线要理顺，不然很容易折断，引起短路，测不出信号				
		6. 在搅拌转动过程中，禁止直接将玻璃棒伸到烧瓶中取液测定pH				
		7. 进行容量瓶、量筒的定量操作时，须水平放置				
		8. 进行滴定管、量筒读数时，须水平平视				
		9. 用电安全：水电分离，遇到要往烧瓶内加试剂的时候，可以先断电，移开加热锅，再加试剂				
		10. 实验操作时，玻璃仪器不要放在右手边，那样很容易打碎玻璃仪器				
3 安全环保意识	30分	1. 未经允许不得进入试剂准备间和药品室	每错1项扣3分			
		2. 实验结束后，所有实验用化学试剂与用品均应倒入废液桶或待处理废弃物收集桶				
		3. 高温的电热板必须有警示标志，玻璃器皿爆裂后必须戴手套清理				
		4. 所有的事故应及时报告和记录				
		5. 实验中途休息阶段应停水停电				

模块二 企业产品的制备

评价要素		配分	各项操作要求评分细则		自我评价	小组评价	教师评价
3	安全环保意识	30分	6. 实验室里不允许出现食物和饮料	每错1项扣3分			
			7. 在实验室里不允许打闹，休息前应洗手，不允许玩手机				
			8. 应及时清理桌面上不需要的化学药品				
			9. 配溶液要戴手套在通风橱内进行				
			10. 不得破坏物品，否则要赔偿				
4	实训后卫生检查	8分	1. 工位必须保持整洁，玻璃仪器应摆放在正确的位置	每错1项扣2分			
			2. 值日生必须按要求做好值日工作				
			3. 不得迟到早退				
			4. 不得乱窜实验室				
5	综合素质考核	20分	1. 严格按计划与工作规程实施计划，遇到问题时应正确分析并解决，检查过程能正常开展 2. 积极参与小组工作，按时完成项目任务，全勤				
总分		100分		得分			
根据学生实际情况，由培训师设定三个项目评分的权重，如 3∶3∶4					30%	30%	40%
				加权后得分			
				综合总分			

学生签字：＿＿＿＿＿＿＿＿　　培训师签字：＿＿＿＿＿＿＿＿
（日期）　　　　　　　　　　（日期）

四、项目学习总结

重点写出不足及今后工作的改进计划。

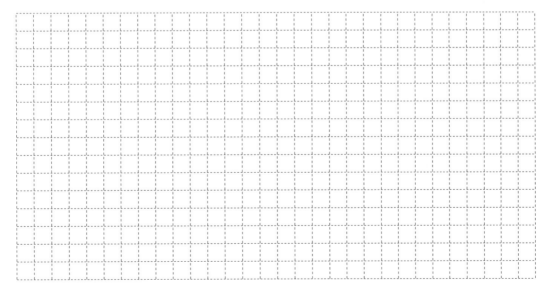

五、扩展与提高

　　若要提高橙皮中橙油的主要成分柠檬烯的提取率，需要对实验做怎样的改进？请设计优化方法。

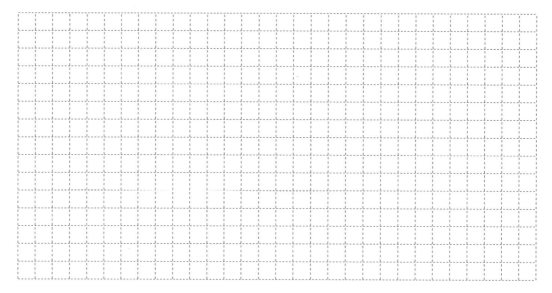

项目二

阿司匹林中
乙酰水杨酸粗品的制备

一、任务描述

本次实验任务为阿司匹林（乙酰水杨酸）粗品的合成。以水杨酸和乙酸酐为反应物，选择浓磷酸或碳酸钾为催化剂，控制反应温度在 85~95 ℃制备粗产品。

在本次工作任务中，我们将通过阿司匹林（乙酰水杨酸）粗品的合成，掌握酯化反应的原理及基本操作；对比两种不同催化剂对产品的催化效果，熟悉药物合成实验装置的安装和使用。

二、任务提示

（一）工作方法

1. 根据任务描述，通过线上学习与讨论了解阿司匹林（乙酰水杨酸）的发展历史、功能及合成方法，对比分析阿司匹林（乙酰水杨酸）工业制法与实验室合成的不同操作要求，重点学习阿司匹林（乙酰水杨酸）合成反应的实验室操作方法和注意事项。通过查询互联网、查阅图书馆资料等途径收集、分析有关信息。

2. 查阅资料完成资料卡。

3. 根据项目导学案，制订实验计划，完成实验。

4. 对于出现的问题，请先自行解决，如确实无法解决，再寻求帮助。

5. 与指导教师讨论，进行学习总结。

（二）工作内容

1. 工作过程按照"六步法"实施。

2. 认真完成项目导学，仔细填写相关表格。

3. 独立完成实验任务，对任务完成情况的评价应客观、全面。

4. 进行现场"7S"管理，并按照岗位安全操作规程进行操作。

（三）知识储备

1. 甲基橙的性质。

2. 重氮化反应。

3. 偶合反应。

4. 重结晶原理。

5. 收率的计算。

（四）注意事项与安全环保知识

1. 熟悉实验相关设备的使用方法。

2. 在重氮化过程中，应严格控制温度，反应温度若高于 5 ℃，生成的重氮盐易水解为酚，降低产率。

3. 重结晶操作要迅速，否则由于产物呈碱性，在温度高时易变质，颜色变深。

4. N，N－二甲基苯胺是有毒物品，与之相关的实验应在通风橱内进行，并且尽量少占用仪器，接触后应马上洗手。

5. 完成实验并经教师检查评估后，拆下实验装置。

6. 请勿在确认安全之前打开真空泵。

7. 必须水、电分离。

8. 实验结束后，将实验器材放回原来位置，做好实验室"7S"管理。

三、工作过程

（一）信息

1. 从"网络课程"接受任务，通过查询互联网、查阅图书馆资料等途径收集、分析有关信息，完成资料卡。

资料卡的内容要求如下：

（1）查阅水杨酸、无水醋酸酐、无水乙醇、碳酸氢钠、浓磷酸、碳酸氢钾相关化学品的 MSDS。

（2）实验背景了解。了解阿司匹林（乙酰水杨酸）的发展史、功能和各种合成方法。

（3）填写表 2-2-1 中合成阿司匹林（乙酰水杨酸）相关物质的性质特点。

表 2-2-1　合成阿司匹林（乙酰水杨酸）相关物质的性质特点

化合物	物理化学常数						
	摩尔质量	性状	b. p. /℃	m. p. /℃	d	n	溶解度
乙酰水杨酸							
水杨酸							
乙酸酐							

2. 在网络讨论组内进行成果分享、交流与讨论。

（二）计划

按照任务导学，完成导学问题。

学习任务一：探究阿司匹林（乙酰水杨酸）的合成机理。

（1）根据水杨酸、乙酸酐和乙酰水杨酸的性质探讨阿司匹林（乙酰水杨酸）的合成机理，并写出反应方程式。

（2）写出阿司匹林（乙酰水杨酸）合成过程中发生的副反应的方程式。

学习任务二：阿司匹林（乙酰水杨酸）合成实验方案的初设计。

（1）设计有机合成实验方案应考虑哪些方面？

（2）实验室合成阿司匹林（乙酰水杨酸）的传统制法。

（3）工业合成阿司匹林（乙酰水杨酸）的制备工艺。

（4）传统的合成阿司匹林（乙酰水杨酸）利用浓硫酸作为催化剂，它存在哪些缺点？

（5）酸性催化剂催化合成阿司匹林（乙酰水杨酸）的机理。

学习任务三：列出本次实验所用器材、药品的名称、规格和数量（表2-2-2）。

表 2-2-2　器材、药品选型

序号	器材、药品名称	规格	数量	备注
1				
2				
3				
4				
5				
6				
7				
8				
9				
10				

（三）决策

1. 制订实验计划流程表，绘制实验装置图，并通过网络传送给指导教师。

（1）制定实验计划流程表（表2-2-3）。

表 2-2-3　实验计划流程表

序号	工作步骤	预期现象	备注
1			
2			
3			
4			
5			
6			
7			
8			

（2）绘制实验装置图。

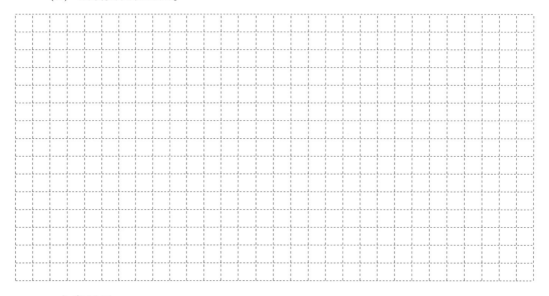

2. 方案展示。

已上传实验计划流程表和装置图的同学进行方案展示，其他同学对该方案提出意见和建议，完善方案。

（四）实施

1. 自主搭建实验装置并进行实验操作，及时记录实验现象。

根据完善后的实验装置及实验操作方案，自主搭建实验装置并进行实验操作。及时记录实验现象及实验结果（表2-2-4）。针对问题，教师及时进行现场指导与分析。

要求：独立完成实验操作，操作必须规范、安全。

表 2-2-4　实验流程记录表

序号	阿司匹林合成的具体操作步骤	实验现象记录	操作时间
1			
2			
3			
4			
5			
6			
7			
8			
9			
10			

2. 成果分享。

各成员以小组为单位分享及解答实验过程中的问题。针对问题，教师及时进行现场指导与分析。

（五）实验结果讨论与分析

1. 根据合成过程中产生的实验现象，给出合理的解释（表 2-2-5）。

表 2-2-5　实验现象记录及分析表

序号	阿司匹林合成中实验现象	现象解释
1		
2		
3		
4		
5		
6		
7		
8		
9		
10		

2. 对照实验结果及图表数据，进行实验讨论并得出结论（表2-2-6）。

表 2-2-6　实验讨论

项目		结论
以浓磷酸作为催化剂	1	
	2	
	3	
	4	
以碳酸氢钾作为催化剂	1	
	2	

（六）评价

填写项目任务工作评价表（表2-2-7）。

表 2-2-7　项目任务工作评价表

小组名称			姓名		评价日期		
项目名称					评价时间		
否决项		违反设备操作规程与安全环保规范，造成设备损坏或人身事故，该项目0分					
评价要素	配分	各项操作要求评分细则			自我评价	小组评价	教师评价
1 实训前准备	12分	1. 佩戴安全眼镜		每错1项扣2分			
		2. 穿好实验服					
		3. 把头发扎起来，不允许佩用披肩、围巾					
		4. 穿好覆盖全身的衣服，穿封闭式的鞋子					
		5. 在不同的实验操作要求下准备好不同规格及性能的手套					
		6. 根据任务导学提前进行实验预习，制订合理的工作计划					
2 实验操作实施与检查	30分	1. 试剂、药品的取用、存放、清理		每错1项扣3分			
		2. 精密仪器操作规范，仪器设备确定好使用人					
		3. 玻璃仪器清洗完毕后，把仪器表面上的水擦干净，以免加热锅短路/断路					
		4. 冷却水的使用：控制好流速，不宜过快，否则太浪费，而且接口处容易爆开					
		5. 传感器的信号线要理顺，不然很容易折断，引起短路，测不出信号					
		6. 在搅拌转动过程中，禁止直接将玻璃棒伸到烧瓶中取液测定 pH					

评价要素		配分	各项操作要求评分细则		自我评价	小组评价	教师评价
2	实验操作实施与检查	30分	7. 进行容量瓶、量筒的定量操作时，须水平放置	每错1项扣3分			
			8. 进行滴定管、量筒读数时，须水平平视				
			9. 用电安全：水电分离，遇到要往烧瓶内加试剂的时候，可以先断电，移开加热锅，再加试剂				
			10. 实验操作时，玻璃仪器不要放在右手边，那样很容易打碎玻璃仪器				
3	安全环保意识	30分	1. 未经允许不得进入试剂准备间和药品室	每错1项扣3分			
			2. 实验结束后，所有实验用化学试剂与用品均应倒入废液桶或待处理废弃物收集桶				
			3. 高温的电热板必须有警示标志，玻璃器皿爆裂后必须戴手套清理				
			4. 所有的事故应及时报告和记录				
			5. 实验中途休息阶段应停水停电				
			6. 实验室里不允许出现食物和饮料				
			7. 在实验室里不允许打闹，休息前应洗手，不允许玩手机				
			8. 应及时清理桌面上不需要的化学药品				
			9. 配溶液要戴手套在通风橱内进行				
			10. 不得破坏物品，否则要赔偿				
4	实训后卫生检查	8分	1. 工位必须保持整洁，玻璃仪器应摆放在正确的位置	每错1项扣2分			
			2. 值日生必须按要求做好值日工作				
			3. 不得迟到早退				
			4. 不得乱窜实验室				
5	综合素质考核	20分	1. 严格按计划与工作规程实施计划，遇到问题时应正确分析并解决，检查过程能正常开展 2. 积极参与小组工作，按时完成项目任务，全勤				
总分		100分		得分			
根据学生实际情况，由培训师设定三个项目评分的权重，如 3∶3∶4					30%	30%	40%
				加权后得分			
				综合总分			

学生签字：＿＿＿＿＿＿＿　　　　培训师签字：＿＿＿＿＿＿＿

（日期）　　　　　　　　　　　（日期）

四、项目学习总结

重点写出不足及今后工作的改进计划。

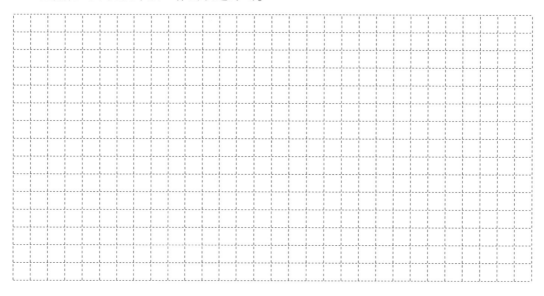

五、扩展与提高

本实验制备重氮盐时，如改成先将对氨基苯磺酸与浓盐酸混合，再加亚硝酸钠溶液进行重氮化反应，行不行？为什么？

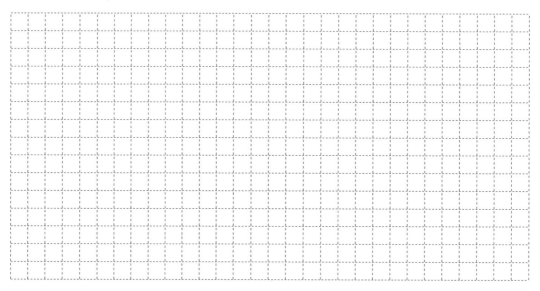

项目三 丙烯酸酯乳液胶黏剂的制备

一、任务描述

丙烯酸酯乳液胶黏剂是公认的环保材料，应用广泛。本实验以丙烯酸丁酯、丙烯酰胺、丙烯酸为主要原料，在混合乳化剂 OP-10 和十二烷基硫酸钠的乳化下，基于自由基引发机理，由过硫酸铵引发制备丙烯酸酯乳液胶黏剂。

在本次工作任务中，我们将学习乳状液的制备，学习单体混合溶液、引发剂加入乳状液中的方法及时间的控制，熟练掌握搅拌、温度控制等基本操作，学习丙烯酸酯乳液胶黏剂的胶接试验及评价。

二、任务提示

（一）工作方法

1. 根据任务描述，通过线上学习与讨论了解丙烯酸酯乳液胶黏剂的发展历史、应用场合、优异性能，了解胶黏剂的基本知识，学习丙烯酸酯乳液胶黏剂的制备方法和实验技术。通过查询互联网、查阅图书馆资料等途径收集、分析有关信息。

2. 查阅资料完成资料卡。

3. 根据项目导学案，制订实验计划，完成实验。

4. 对于出现的问题，请先自行解决，如确实无法解决，再寻求帮助。

5. 与指导教师讨论，进行学习总结。

（二）工作内容

1. 工作过程按照"六步法"实施。

2. 认真回答引导问题，仔细填写相关表格。

3. 小组合作完成任务，对任务完成情况的评价应客观、全面。

4. 进行现场"7S"管理，并按照岗位安全操作规程进行操作。

（三）知识储备

1. 胶黏剂的基本知识。

2. 单体丙烯酸的作用。

3. 乳液聚合中各组成成分的作用。

4. 聚合反应机理。

（四）注意事项与安全环保知识

1. 熟悉实验相关设备的使用方法。

2. 注意单体滴加速度过快会引发暴聚。

3. 完成实验并经教师检查评估后，拆下实验装置。

4. 实验结束后，将实验器材放回原来位置，做好实验室 "7S" 管理。

三、工作过程

（一）信息

1. 从 "网络课程" 接受任务，通过查询互联网、查阅图书馆资料等途径收集、分析有关信息，完成资料卡。

资料卡的内容要求如下：

（1）丙烯酸乳液胶黏剂的发展历史、应用场合、优异性能。

（2）胶黏剂的基本知识。

（3）丙烯酸酯乳液胶黏剂的制备方法和实验技术。

2. 在网络讨论组内进行成果分享、交流与讨论。

（二）计划

按照任务导学，完成导学问题。

学习任务一：丙烯酸酯乳液胶黏剂制备流程。

（1）如何制备乳状液？

（2）如何加入单体混合溶液及引发剂？如何控制加入时间？为什么？

学习任务二：丙烯酸酯乳液胶黏剂反应原理。

（1）实验中过硫酸铵引发的自由基引发机理有哪些基元反应？

学习任务三：丙烯酸酯乳液胶黏剂胶接试验流程。

（1）如何设计成品的胶接试验？

（2）如何分析评价成品？

学习任务四：列出本次实验所用器材、药品的名称、规格和数量（表 2-3-1）。

表 2-3-1　器材、药品选型

序号	器材、药品名称	规格	数量	备注
1				
2				
3				
4				
5				
6				
7				
8				
9				
10				
11				
12				

（三）决策

1. 制订实验计划流程表，绘制实验装置图，并通过网络传送给指导教师。

（1）制订实验计划流程表（表 2-3-2）。

表 2-3-2　实验计划流程表

序号	制备具体操作步骤	预期现象	操作时间
1			
2			
3			
4			
5			
6			
7			
8			
9			
10			
11			
12			

序号	胶接试验操作步骤	预期现象	评价
1			
2			
3			
4			
5			

（2）绘制实验装置图。

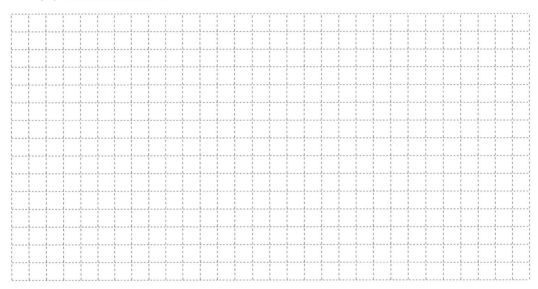

2. 方案展示。

已上传实验计划流程表和装置图的同学进行方案展示，其他同学对该方案提出意见和建议，完善方案。

（四）实施

1. 自主搭建实验装置并进行实验操作，及时记录实验现象。

各成员完善实验装置及实验操作方案设计，每位学生自主搭建实验装置并进行实验操作。及时记录实验现象及操作时间（表2-3-3）。最后根据胶接试验的实验结果，分析评价成品。

要求：独立完成实验操作，操作必须规范、安全。

表 2-3-3　实验流程记录表

序号	制备具体操作步骤	实验现象	操作时间
1			
2			
3			
4			

序号	制备具体操作步骤	实验现象	操作时间
5			
6			
7			
8			
9			

序号	胶接试验操作步骤	实验现象	评价
1			
2			
3			
4			
5			

2. 成果分享。

各成员以小组为单位对实验过程中的问题进行分享及解答。针对问题，教师及时进行现场指导与分析。

（五）实验现象及结论

1. 对照实验现象，进行实验讨论并得出原因（表2-3-4）。

表2-3-4　实验记录表

实验现象	现象解释

2. 丙烯酸酯乳液胶黏剂的性能评价。

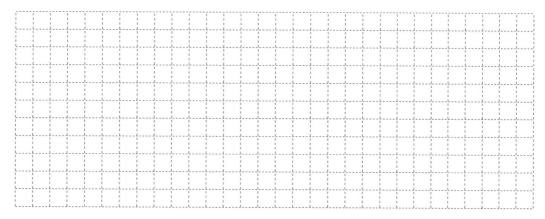

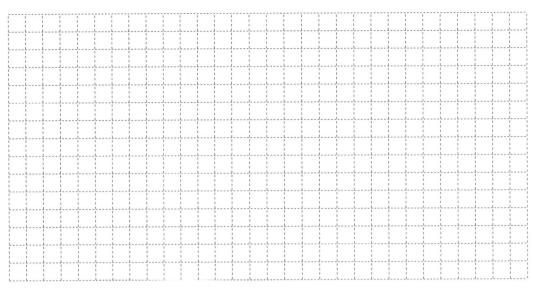

（六）评价

填写项目任务工作评价表（表 2-3-5）。

表 2-3-5　项目任务工作评价表

小组名称			姓名		评价日期		
项目名称					评价时间		
否决项		违反设备操作规程与安全环保规范，造成设备损坏或人身事故，该项目 0 分					
评价要素	配分	各项操作要求评分细则			自我评价	小组评价	教师评价
1 实训前准备	12 分	1. 佩戴安全眼镜		每错1项扣2分			
		2. 穿好实验服					
		3. 把头发扎起来，不允许佩用披肩、围巾					
		4. 穿好覆盖全身的衣服，穿封闭式的鞋子					
		5. 在不同的实验操作要求下准备好不同规格及性能的手套					
		6. 根据任务导学提前进行实验预习，制订合理的工作计划					
2 实验操作实施与检查	30 分	1. 试剂、药品的取用、存放、清理		每错1项扣3分			
		2. 精密仪器操作规范，仪器设备确定好使用人					
		3. 玻璃仪器清洗完毕后，把仪器表面上的水擦干净，以免加热锅短路/断路					
		4. 冷却水的使用：控制好流速，不宜过快，否则太浪费，而且接口处容易爆开					
		5. 传感器的信号线要理顺，不然很容易折断，引起短路，测不出信号					
		6. 在搅拌转动过程中，禁止直接将玻璃棒伸到烧瓶中取液测定 pH					

62

应用化学综合实验教程∷技能训练模块化工作手册

评价要素		配分	各项操作要求评分细则		自我评价	小组评价	教师评价
2	实验操作实施与检查	30分	7. 进行容量瓶、量筒的定量操作时，须水平放置	每错1项扣3分			
			8. 进行滴定管、量筒读数时，须水平平视				
			9. 用电安全：水电分离，遇到要往烧瓶内加试剂的时候，可以先断电，移开加热锅，再加试剂				
			10. 实验操作时，玻璃仪器不要放在右手边，那样很容易打碎玻璃仪器				
3	安全环保意识	30分	1. 未经允许不得进入试剂准备间和药品室	每错1项扣3分			
			2. 实验结束后，所有实验用化学试剂与用品均应倒入废液桶或待处理废弃物收集桶				
			3. 高温的电热板必须有警示标志，玻璃器皿爆裂后必须戴手套清理				
			4. 所有的事故应及时报告和记录				
			5. 实验中途休息阶段应停水停电				
			6. 实验室里不允许出现食物和饮料				
			7. 在实验室里不允许打闹，休息前应洗手，不允许玩手机				
			8. 应及时清理桌面上不需要的化学药品				
			9. 配溶液要戴手套在通风橱内进行				
			10. 不得破坏物品，否则要赔偿				
4	实训后卫生检查	8分	1. 工位必须保持整洁，玻璃仪器应摆放在正确的位置	每错1项扣2分			
			2. 值日生必须按要求做好值日工作				
			3. 不得迟到早退				
			4. 不得乱窜实验室				
5	综合素质考核	20分	1. 严格按计划与工作规程实施计划，遇到问题时应正确分析并解决，检查过程能正常开展 2. 积极参与小组工作，按时完成项目任务，全勤				
总分		100分		得分			
根据学生实际情况，由培训师设定三个项目评分的权重，如3：3：4					30%	30%	40%
加权后得分							
综合总分							

学生签字： _____　　　　培训师签字： _____

　（日期）　　　　　　　　　（日期）

四、项目学习总结

重点写出不足及今后工作的改进计划。

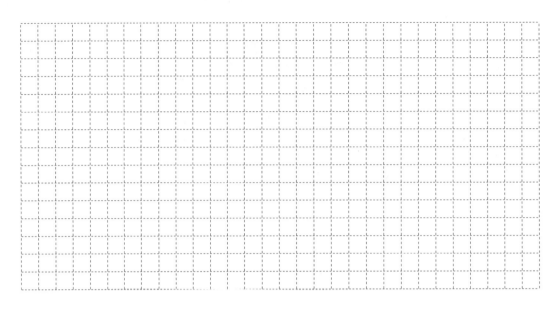

五、扩展与提高

在丙烯酸酯乳液胶黏剂的制备中，需要优化哪些实验参数来提高胶黏剂的性能？请设计优化方法。

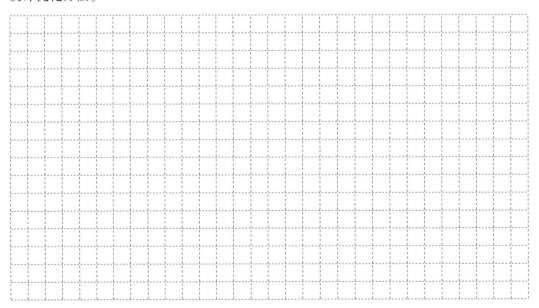

模块三

产品的除杂、提纯

质量是维护顾客忠诚的最好保证。

——杰克·韦尔奇

全世界没一个质量差，光靠价格便宜的产品能够长久地存活下来。

——徐世明

项目一 橙皮中橙油萃取柠檬烯

一、任务描述

本次实验是用二氯甲烷对用水蒸气蒸馏法从橙皮中蒸馏出的橙油进行萃取，蒸去二氯甲烷，并用水泵减压抽去残余的二氯甲烷，即可得到精油，其主要成分为柠檬烯。

在本次工作任务中，我们将学习分液漏斗的使用，熟悉普通蒸馏的操作方法及水泵的使用。

二、任务提示

（一）工作方法

1. 根据任务描述，通过线上学习与讨论了解萃取法的基本原理，重点学习使用分液漏斗对馏出液进行萃取，并蒸除二氯甲烷，利用水泵减压抽去残余的二氯甲烷。通过查询互联网、查阅图书馆资料等途径收集、分析有关信息。

2. 查阅资料完成资料卡。

3. 根据项目导学案，制订实验计划，完成实验。

4. 对于出现的问题，请先自行解决，如确实无法解决，再寻求帮助。

5. 与指导教师讨论，进行学习总结。

（二）工作内容

1. 工作过程按照"六步法"实施。

2. 认真回答引导问题，仔细填写相关表格。

3. 小组合作完成任务，对任务完成情况的评价应客观、全面。

4. 进行现场"7S"管理，并按照岗位安全操作规程进行操作。

（三）知识储备

1. 萃取法的基本原理。

2. 提纯产物洗涤剂和干燥剂的选用方法。

3. 普通蒸馏法的原理及适用范围。

4. 水泵的使用方法。

（四）注意事项与安全环保知识

1. 熟悉实验相关设备的使用方法。

2. 馏出液中的二氯甲烷一定要抽干，否则会影响产品纯度。

3. 完成实验并经教师检查评估后，拆下实验装置。

4. 必须水电分离。

5. 实验结束后，将实验器材放回原来位置，做好实验室"7S"管理。

三、工作过程

（一）信息

1. 从"网络课程"接受任务，通过查询互联网、查阅图书馆资料等途径收集、分析有关信息，完成资料卡。

资料卡的内容要求如下：

（1）萃取法的分类。

（2）分液漏斗的种类和用途。

（3）分液漏斗的使用方法。

2. 在网络讨论组内进行成果分享、交流与讨论。

（二）计划

按照任务导学，完成导学问题。

学习任务一：实验流程探究。

（1）萃取时，分液漏斗上端的玻璃塞为什么要打开？

（2）萃取完成后，可以采用什么样的干燥剂进行干燥呢？

（3）用普通蒸馏法水浴蒸去二氯甲烷时，水浴温度应控制在多少？为什么？

学习任务二：列出本次实验所用器材、药品的名称、规格和数量（表3-1-1）。

表3-1-1　器材、药品选型

序号	器材、药品名称	规格	数量	备注
1				
2				
3				
4				
5				
6				
7				
8				
9				

序号	器材、药品名称	规格	数量	备注
10				
11				
12				

（三）决策

1. 制订实验计划流程表，绘制实验装置图，并通过网络传送给指导教师。

（1）填制实验计划流程表（3-1-2）。

表 3-1-2　实验计划流程表

序号	实验步骤	预期现象	备注
1			
2			
3			
4			
5			
6			
7			
8			
9			
10			
11			
12			

（2）绘制萃取装置图。

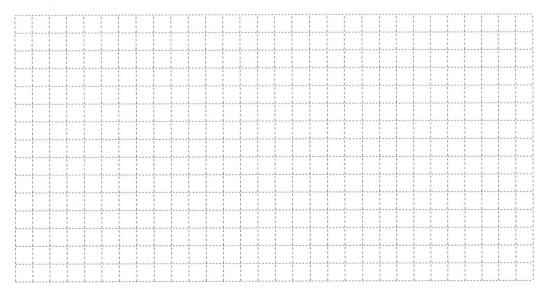

（3）绘制蒸馏装置图。

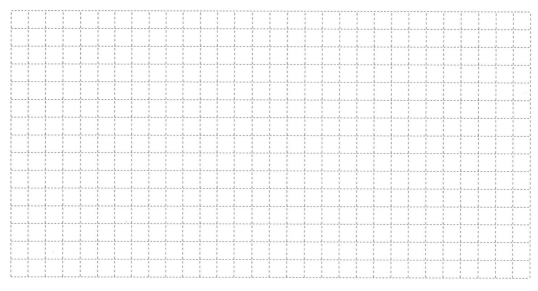

2. 方案展示。

已上传实验计划流程表和装置图的同学进行方案展示，其他同学对该方案提出意见和建议，完善方案。

（四）实 施

1. 自主搭建实验装置并进行实验操作，及时记录实验现象。

各成员完善实验装置及实验操作方案设计，每位学生自主搭建实验装置并进行实验操作。及时记录实验现象及实验结果（表3-1-3）。

要求：独立完成实验操作，操作必须规范、安全。

表 3-1-3　实验流程记录表

序号	具体操作步骤	实验现象及温度	备注
1			
2			
3			
4			
5			
6			
7			
8			
9			
10			
11			
12			

2. 成果分享。

各成员以小组为单位对实验过程中的问题进行分享及解答。针对问题，教师及时进行现场指导与分析。

（五）实验现象及结论

1. 对照实验现象，进行实验讨论并得出原因（表3-1-4）。

表3-1-4　数据记录表

实验现象	现象解释

2. 对结果进行分析，以便总结、评价与提升。

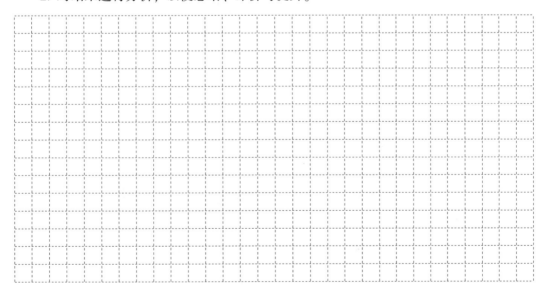

（六）评价

填写项目任务工作评价表（表3-1-5）。

表3-1-5　项目任务工作评价表

小组名称				姓名		评价日期	
项目名称						评价时间	
否决项		违反设备操作规程与安全环保规范，造成设备损坏或人身事故，该项目0分					
评价要素		配分	各项操作要求评分细则			自我评价	小组评价	教师评价

评价要素		配分	各项操作要求评分细则		自我评价	小组评价	教师评价
1	实训前准备	12分	1. 佩戴安全眼镜	每错1项扣2分			
			2. 穿好实验服				
			3. 把头发扎起来，不允许佩用披肩、围巾				
			4. 穿好覆盖全身的衣服，穿封闭式的鞋子				
			5. 在不同的实验操作要求下准备好不同规格及性能的手套				
			6. 根据任务导学提前进行实验预习，制订合理的工作计划				
2	实验操作实施与检查	30分	1. 试剂、药品的取用、存放、清理	每错1项扣3分			
			2. 精密仪器操作规范，仪器设备确定好使用人				
			3. 玻璃仪器清洗完毕后，把仪器表面上的水擦干净，以免加热锅短路/断路				
			4. 冷却水的使用：控制好流速，不宜过快，否则太浪费，而且接口处容易爆开				
			5. 传感器的信号线要理顺，不然很容易折断，引起短路，测不出信号				
			6. 在搅拌转动过程中，禁止直接将玻璃棒伸到烧瓶中取液测定pH				
			7. 进行容量瓶、量筒的定量操作时，须水平放置				
			8. 进行滴定管、量筒读数时，须水平平视				
			9. 用电安全：水电分离，遇到要往烧瓶内加试剂的时候，可以先断电，移开加热锅，再加试剂				
			10. 实验操作时，玻璃仪器不要放在右手边，那样很容易打碎玻璃仪器				
3	安全环保意识	30分	1. 未经允许不得进入试剂准备间和药品室	每错1项扣3分			
			2. 实验结束后，所有实验用化学试剂与用品均应倒入废液桶或待处理废弃物收集桶				
			3. 高温的电热板必须有警示标志，玻璃器皿爆裂后必须戴手套清理				
			4. 所有的事故应及时报告和记录				
			5. 实验中途休息阶段应停水停电				
			6. 实验室里不允许出现食物和饮料				

评价要素		配分	各项操作要求评分细则		自我评价	小组评价	教师评价
3	安全环保意识	30分	7. 在实验室里不允许打闹，休息前应洗手，不允许玩手机	每错1项扣3分			
			8. 应及时清理桌面上不需要的化学药品				
			9. 配溶液要戴手套在通风橱内进行				
			10. 不得破坏物品，否则要赔偿				
4	实训后卫生检查	8分	1. 工位必须保持整洁，玻璃仪器应摆放在正确的位置	每错1项扣2分			
			2. 值日生必须按要求做好值日工作				
			3. 不得迟到早退				
			4. 不得乱窜实验室				
5	综合素质考核	20分	1. 严格按计划与工作规程实施计划，遇到问题时应正确分析并解决，检查过程能正常开展 2. 积极参与小组工作，按时完成项目任务，全勤				
总分		100分		得分			
根据学生实际情况，由培训师设定三个项目评分的权重，如3∶3∶4					30%	30%	40%
加权后得分							
综合总分							

学生签字：_____　　　　培训师签字：_____
　（日期）　　　　　　　　　　　　（日期）

四、项目学习总结

重点写出不足及今后工作的改进计划。

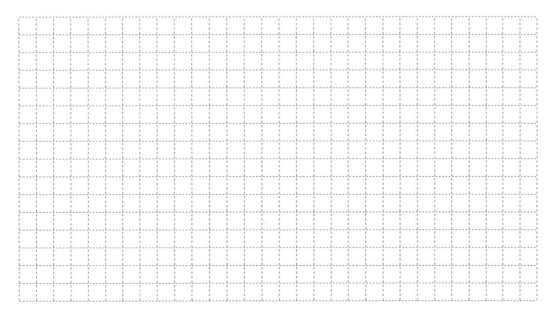

五、扩展与提高

若要提高橙皮中柠檬烯的提取率，需要优化哪些实验参数？请设计优化方法。

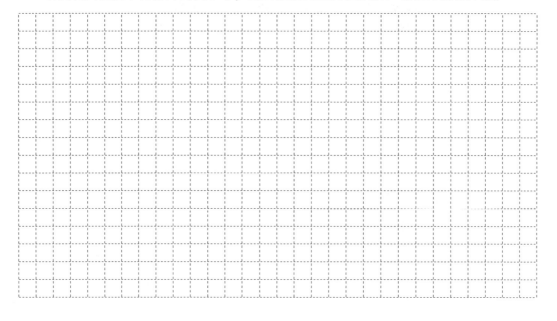

项目二 阿司匹林（乙酰水杨酸）粗品的提纯

一、任务描述

通过水杨酸和乙酸酐合成出来的阿司匹林（乙酰水杨酸）粗产物往往含有未反应的原料、副产物和杂质。本次任务为利用重结晶的方法，选用合适的溶剂对粗产物进行提纯。粗产物中的杂质用活性炭吸附除去。

在本次工作任务中，我们将学习重结晶的操作技术，掌握产品分离提纯的原理和方法，熟悉搅拌、溶解、吸附、抽滤、洗涤等基本操作。

二、任务提示

（一）工作方法

1. 根据任务描述，通过线上学习与讨论掌握重结晶原理中选择溶剂的标准，重结晶操作过程中热溶解、热过滤的注意事项，以及结晶过程中各种问题现象的判断和解决方法。通过查询互联网、查阅图书馆资料等途径收集、分析有关信息。

2. 查阅资料完成资料卡。

3. 根据项目导学案，制订实验计划，完成实验。

4. 对于出现的问题，请先自行解决，如确实无法解决，再寻求帮助。

5. 与指导教师讨论，进行学习总结。

（二）工作内容

1. 工作过程按照"六步法"实施。

2. 认真完成项目导学，仔细填写相关表格。

3. 独立完成实验任务，对任务完成情况的评价应客观、全面。

4. 进行现场"7S"管理，并按照岗位安全操作规程进行操作。

（三）相关理论知识

1. 乙酰苯胺的性质。

2. 溶剂的选择。

3. 重结晶原理。

4. 活性炭吸附原理。

5. 收率的计算。

（四）知识储备

1. 搅拌装置的安装和使用。

2. 电子温度计的安装和使用。

3. 真空抽滤装置的安装和使用。

4. 热过滤和真空抽滤的操作方法。

5. 过滤漏斗和抽滤漏斗的制作方法。

（五）注意事项与安全环保知识

1. 熟悉实验相关设备的使用方法。

2. 安装完实验装置后，必须经过教师检查才能打开装置。

3. 实验开始时必须先打开冷凝水再加热，实验结束后必须先停止加热再关闭冷凝水。

4. 完成实验并经教师检查评估后，拆下实验装置。

5. 请勿在确认安全之前打开真空泵。

6. 必须水、电分离。

7. 实验结束后，将实验器材放回原来位置，做好实验室"7S"管理。

三、工作过程

（一）信息

1. 从"网络课程"接受任务，通过查询互联网、查阅图书馆资料等途径收集、分析有关信息，完成阿司匹林（乙酰水杨酸）重结晶中溶剂的选择。

（1）分析粗产物中残余的原料、副产物、杂质的理化性质。

（2）了解常用溶剂的分类。

（3）将常用溶剂按极性大小排序。

（4）了解选择溶剂的标准。

（5）通过讨论分析本次重结晶操作选用哪种溶剂，并给出原因。

2. 在网络讨论组内进行成果分享、交流与讨论。

（二）计划

按照任务导学，完成导学问题。

学习任务一：热溶解操作流程的确定。

（1）通过查阅溶解度数据计算被提取物所需溶剂的量。

（2）如何正确安装溶解搅拌装置？

（3）热溶解过程中的注意事项有哪些？

学习任务二：热过滤操作流程的确定。

（1）热过滤操作的常用方法有哪些？

（2）如何正确制作过滤漏斗和安装过滤装置？

（3）如何正确制作真空抽滤漏斗和安装抽滤装置？

学习任务三：归纳结晶操作中各种问题现象的解决办法。

（1）结晶不易析出。

（2）提纯化合物呈油状物析出。

学习任务四：写出阿司匹林（乙酰水杨酸）实际收率的计算公式。

学习任务五：列出本次实验所用器材、药品的名称、规格和数量（表3-2-1）。

表 3-2-1 器材、药品选型

序号	器材、药品名称	规格	数量	备注
1				
2				
3				
4				
5				
6				
7				
8				
9				
10				
11				
12				

（三）决策

1. 制订实验计划流程表，绘制实验装置图，并通过网络传送给指导教师。

（1）制订实验计划流程表（表3-2-2）。

表3-2-2　实验计划流程表

序号	实验步骤	预期现象	备注
1			
2			
3			
4			
5			
6			
7			
8			
9			
10			

（2）绘制实验装置图。

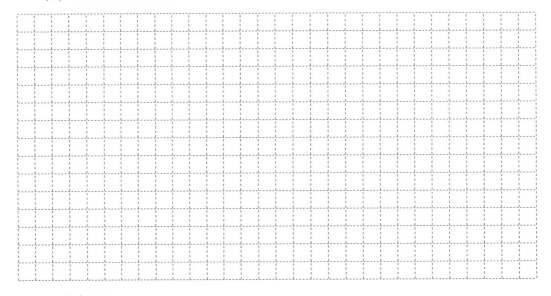

2. 方案展示。

已上传实验计划流程表和实验装置图的同学进行方案展示，其他同学对该方案提出意见和建议，完善方案。

（四）实施

1. 自主搭建实验装置并进行实验操作。

各小组完善实验装置及实验操作方案设计，自主搭建实验装置并进行实验操作。及时记录实验现象及实验结果（表3-2-3）。最后根据实验结果进行数据处理分析。

要求：小组分工明确，全员参与，操作必须规范、安全。

表 3-2-3　实验流程记录表

序号	阿司匹林重结晶的具体操作步骤	实验现象	操作时间
1			
2			
3			
4			
5			
6			
7			
8			
9			
10			

2. 成果分享。

由其他小组对其设计方案进行分享及解答。针对问题，教师及时进行现场指导与分析。

（五）数据记录与整理

1. 对照实验技术要求，编制数据记录表（表 3-2-4）。请完善以下记录项要点，完成数据记录及实验结果处理。

表 3-2-4　数据记录表

项目名称：			记录时间：
测量项目	样品编号		
	1	2	3

2. 小组工作：按以上测量项目完成数据的记录，并根据数据进行结果的处理和分析，以便总结、评价与提升。

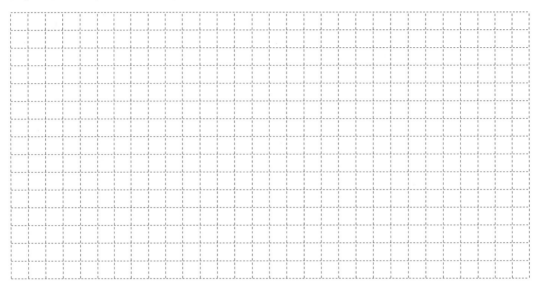

（六）评价

填写项目任务工作评价表（表3-2-5）。

表3-2-5　项目任务工作评价表

小组名称			姓名		评价日期		
项目名称					评价时间		
否决项		违反设备操作规程与安全环保规范，造成设备损坏或人身事故，该项目0分					
评价要素		配分	各项操作要求评分细则		自我评价	小组评价	教师评价
1	实训前准备	12分	1. 佩戴安全眼镜	每错1项扣2分			
			2. 穿好实验服				
			3. 把头发扎起来，不允许佩用披肩、围巾				
			4. 穿好覆盖全身的衣服，穿封闭式的鞋子				
			5. 在不同的实验操作要求下准备好不同规格及性能的手套				
			6. 根据任务导学提前进行实验预习，制订合理的工作计划				
2	实验操作实施与检查	30分	1. 试剂、药品的取用、存放、清理	每错1项扣3分			
			2. 精密仪器操作规范，仪器设备确定好使用人				
			3. 玻璃仪器清洗完毕后，把仪器表面上的水擦干净，以免加热锅短路/断路				
			4. 冷却水的使用：控制好流速，不宜过快，否则太浪费，而且接口处容易爆开				

评价要素		配分	各项操作要求评分细则		自我评价	小组评价	教师评价
2	实验操作实施与检查	30分	5. 传感器的信号线要理顺，不然很容易折断，引起短路，测不出信号	每错1项扣3分			
			6. 在搅拌转动过程中，禁止直接将玻璃棒伸到烧瓶中取液测定 pH				
			7. 进行容量瓶、量筒的定量操作时，须水平放置				
			8. 进行滴定管、量筒读数时，须水平平视				
			9. 用电安全：水电分离，遇到要往烧瓶内加试剂的时候，可以先断电，移开加热锅，再加试剂				
			10. 实验操作时，玻璃仪器不要放在右手边，那样很容易打碎玻璃仪器				
3	安全环保意识	30分	1. 未经允许不得进入试剂准备间和药品室	每错1项扣3分			
			2. 实验结束后，所有实验用化学试剂与用品均应倒入废液桶或待处理废弃物收集桶				
			3. 高温的电热板必须有警示标志，玻璃器皿爆裂后必须戴手套清理				
			4. 所有的事故应及时报告和记录				
			5. 实验中途休息阶段应停水停电				
			6. 实验室里不允许出现食物和饮料				
			7. 在实验室里不允许打闹，休息前应洗手，不允许玩手机				
			8. 应及时清理桌面上不需要的化学药品				
			9. 配溶液要戴手套在通风橱内进行				
			10. 不得破坏物品，否则要赔偿				
4	实训后卫生检查	8分	1. 工位必须保持整洁，玻璃仪器应摆放在正确的位置	每错1项扣2分			
			2. 值日生必须按要求做好值日工作				
			3. 不得迟到早退				
			4. 不得乱窜实验室				
5	综合素质考核	20分	1. 严格按计划与工作规程实施计划，遇到问题时应正确分析并解决，检查过程能正常开展 2. 积极参与小组工作，按时完成项目任务，全勤				
总分		100分		得分			
根据学生实际情况，由培训师设定三个项目评分的权重，如3：3：4					30%	30%	40%
				加权后得分			
				综合总分			

学生签字：＿＿＿＿＿＿＿　　　　培训师签字：＿＿＿＿＿＿＿

（日期）　　　　　　　　　（日期）

四、项目学习总结

重点写出不足及今后工作的改进计划。

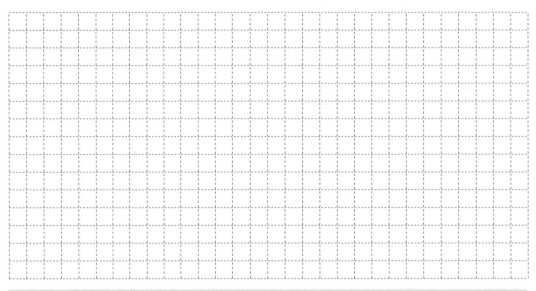

五、扩展与提高

如果你现在所在的实验室内只有真空过滤设备，并要求测定滑石粉的真密度，你会如何测定？请写出实验方案。

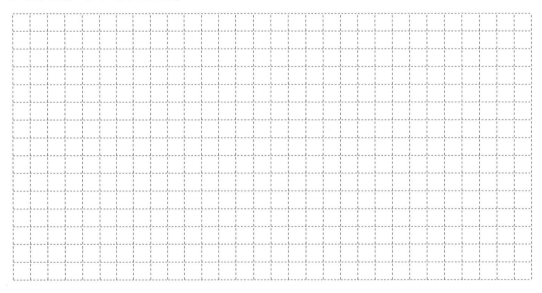

<table>
<tr><td>项目三</td><td># 硫酸钠的制备与提纯</td></tr>
</table>

一、任务描述

本次任务的目的是用活性炭除去被污染的硫酸钠固体中的杂质，用除杂后的硫酸钠配制成溶液，并用密度计测定溶液的密度，利用硫酸钠密度和质量分数关系图确定制备的硫酸钠的质量分数。

在本次工作任务中，我们将学习提纯固体、配制溶液，确定溶液的准确质量分数，掌握产品分离提纯的原理和方法，熟悉搅拌、溶解、吸附、过滤等基本操作，熟练地在密度和质量分数曲线中找到数据。相关实验装置如图 3-3-1、图 3-3-2、图 3-3-3 所示。

图 3-3-1　搅拌装置

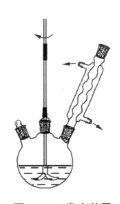
图 3-3-2　发生装置

图 3-3-3　过滤装置

二、任务提示

（一）工作方法

1. 根据任务描述，通过线上学习与讨论了解硫酸钠的性质和用途，重点学习活性炭吸附和过滤溶液的注意事项、原理及方法。通过查询互联网、查阅图书馆资料等途径收集、分析有关信息。

2. 以小组讨论的形式完成工作计划。

3. 按照工作计划，完成小组成员分工。

4. 对于出现的问题，请先自行解决。如确实无法解决，再寻求帮助。

5. 与指导教师讨论，进行学习总结。

（二）工作内容

1. 工作过程按照"六步法"实施。

2. 认真回答引导问题，仔细填写相关表格。

3. 小组合作完成任务，对任务完成情况的评价应客观、全面。

4. 进行现场"7S"和"TPM"管理，并按照岗位安全操作规程进行操作。

（三）相关理论知识

1. 硫酸钠的物理、化学性质。

2. 溶解硫酸钠的方法。

3. 活性炭吸附原理。

4. 过滤原理。

5. 硫酸钠溶液的密度和质量分数关系图。

（四）知识储备

1. 搅拌装置的安装和使用。

2. 电子温度计的安装和使用。

3. 过滤装置的安装和使用。

4. 过滤漏斗的制作方法。

5. 设计知识。

（四）注意事项与安全环保知识

1. 熟悉实验相关设备的使用方法。

2. 安装完实验装置后，必须经过教师检查才能打开装置。

3. 实验开始时必须先打开冷凝水再加热，实验结束后必须先停止加热再关闭冷凝水。

4. 完成实验并经教师检查评估后，拆下实验装置。

5. 必须水、电分离。

6. 实验结束后，将实验器材放回原来位置，做好实验室"7S"管理。

三、工作过程

（一）信息

1. 课前准备。

课前完成如下线上学习任务：

（1）从"网络课程"接受任务，通过查询互联网、查阅图书馆资料等途径收集、分析有关信息，然后分组讨论该任务所需要的实验仪器和药品。

（2）在网络讨论组内进行成果分享、交流与讨论。

2. 任务引导。

（1）如何正确安装溶解搅拌装置？

（2）如何正确制作过滤漏斗装置？

（3）如何绘制硫酸钠溶液质量分数和密度的关系图？

（4）已经确定好质量分数和质量的硫酸钠溶液如何装瓶？

（二）计 划

1. 根据小组成员情况进行分工（表 3-3-1）。

表 3-3-1 小组分工

小组信息	班级名称			日期	
	小组名称			组长姓名	
	岗位分工	汇报员	观察员	记录员	技术员
	成员姓名				

说明：组长负责组织工作，汇报员负责在分享信息时进行项目讲解，观察员负责记录时间工作，记录员负责记录实验工作，技术员负责项目的实施。

2. 讨论工作计划。

小组成员共同讨论工作计划，列出本次实验所用器材、药品的名称、规格和数量（表 3-3-2）。

表 3-3-2 器材、药品选型

序号	器材、药品名称	规格	数量	备注
1				
2				
3				
4				
5				
6				
7				
8				
9				
10				
11				
12				

（三）决策

1. 制订实验计划流程表。

（1）在实验过程中需要每 5 min 记录 1 次温度和时间，绘制温度–时间曲线图。

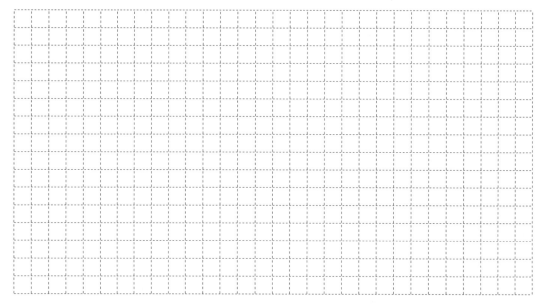

（2）各小组制订实验计划流程表（表 3-3-3），并通过网络传送给指导教师。

表 3-3-3　实验计划流程表

序号	工作步骤	预期目标	责任人	备注
1				
2				
3				
4				
5				
6				
7				
8				

2. 方案展示。

已上传工作计划流程表的小组进行方案展示，其他小组对该方案提出意见和建议，完善方案。

（四）实施

1. 自主搭建实验装置并进行实验操作。

各小组完善实验装置及实验操作方案设计，自主搭建实验装置并进行实验操作。及时记录实验现象及实验结果，最后根据实验结果进行数据处理分析。

要求：小组分工明确，全员参与，操作必须规范、安全。

2. 绘制实验装置图。

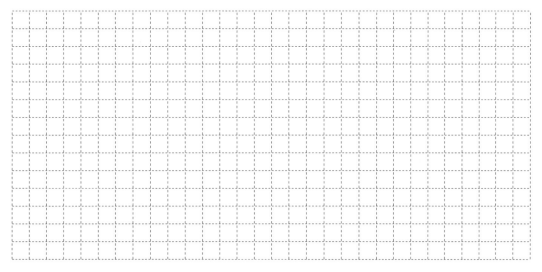

3. 成果分享。

由其他小组对其设计方案进行分享及解答。针对问题，教师及时进行现场指导与分析。

（五）数据记录与整理

1. 对照实验技术要求，编制数据记录表（表 3-3-4）。请完善以下记录项要点，完成数据记录及实验结果处理。

表 3-3-4　数据记录表

项目名称：			记录时间：
测量项目	样品编号		
	1	2	3

2. 小组工作：按以上测量项目完成数据的记录，并根据数据进行结果的处理和分析，以便总结、评价与提升。

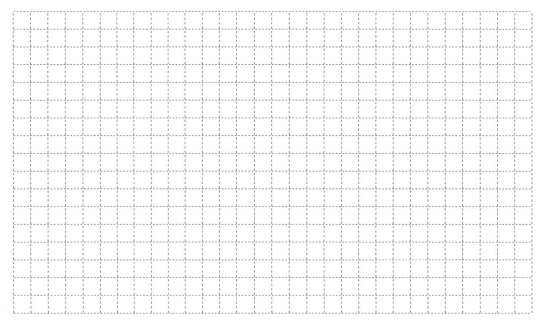

（六）评价

填写项目任务工作评价表（表 3-3-5）。

表 3-3-5　项目任务工作评价表

小组名称				姓名		评价日期			
项目名称						评价时间			
否决项		违反设备操作规程与安全环保规范，造成设备损坏或人身事故，该项目 0 分							
评价要素		配分	各项操作要求评分细则				自我评价	小组评价	教师评价
1	实训前准备	12 分	1. 佩戴安全眼镜			每错一项扣 2 分			
			2. 穿好实验服						
			3. 把头发扎起来，不允许佩用披肩、围巾						
			4. 穿好覆盖全身的衣服，穿封闭式的鞋子						
			5. 在不同的实验操作要求下准备好不同规格及性能的手套						
			6. 根据任务导学提前进行实验预习，制订合理的工作计划						
2	实验操作实施与检查	30 分	1. 试剂、药品的取用、存放、清理			每错一项扣 3 分			
			2. 精密仪器操作规范，仪器设备确定好使用人						
			3. 玻璃仪器清洗完毕后，把仪器表面上的水擦干净，以免加热锅短路/断路						
			4. 冷却水的使用：控制好流速，不宜过快，否则太浪费，而且接口处容易爆开						

评价要素		配分	各项操作要求评分细则		自我评价	小组评价	教师评价
2	实验操作实施与检查	30分	5. 传感器的信号线要理顺，不然很容易折断，引起短路，测不出信号	每错1项扣3分			
			6. 在搅拌转动过程中，禁止直接将玻璃棒伸到烧瓶中取液测定 pH				
			7. 进行容量瓶、量筒的定量操作时，须水平放置				
			8. 进行滴定管、量筒读数时，须水平平视				
			9. 用电安全：水电分离，遇到要往烧瓶内加试剂的时候，可以先断电，移开加热锅，再加试剂				
			10. 实验操作时，玻璃仪器不要放在右手边，那样很容易打碎玻璃仪器				
3	安全环保意识	30分	1. 未经允许不得进入试剂准备间和药品室	每错1项扣3分			
			2. 实验结束后，所有实验用化学试剂与用品均应倒入废液桶或待处理废弃物收集桶				
			3. 高温的电热板必须有警示标志，玻璃器皿爆裂后必须戴手套清理				
			4. 所有的事故应及时报告和记录				
			5. 实验中途休息阶段应停水停电				
			6. 实验室里不允许出现食物和饮料				
			7. 在实验室里不允许打闹，休息前应洗手，不允许玩手机				
			8. 应及时清理桌面上不需要的化学药品				
			9. 配溶液要戴手套在通风橱内进行				
			10. 不得破坏物品，否则要赔偿				
4	实训后卫生检查	8分	1. 工位必须保持整洁，玻璃仪器应摆放在正确的位置	每错1项扣2分			
			2. 值日生必须按要求做好值日工作				
			3. 不得迟到早退				
			4. 不得乱窜实验室				
5	综合素质考核	20分	1. 严格按计划与工作规程实施计划，遇到问题时应正确分析并解决，检查过程能正常开展				
			2. 积极参与小组工作，按时完成项目任务，全勤				
总分		100分		得分			
根据学生实际情况，由培训师设定三个项目评分的权重，如3∶3∶4					30%	30%	40%
加权后得分							
综合总分							

学生签字：＿＿＿＿＿＿＿＿　　　培训师签字：＿＿＿＿＿＿＿＿

　　　（日期）　　　　　　　　　　　　（日期）

四、项目学习总结

重点写出不足及今后工作的改进计划。

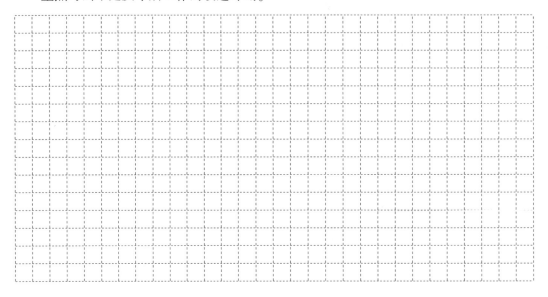

五、扩展与提高

在溶解硫酸钠的过程中为什么先将水加热到 50 ℃再加硫酸钠溶解？

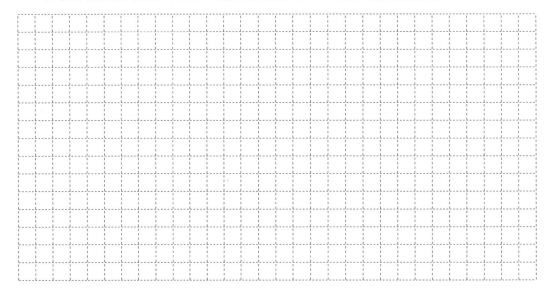

半成品、成品检测分析

化学家需要精细，必须杜绝含糊其词的"about"。

——伯齐力阿斯

对一切事情都喜欢做到准确、严格、正规，这些都不愧是高尚心灵所应有的品质。

——契诃夫

科学是实事求是的学问，来不得半点虚假。

——华罗庚

项目一 橙皮中柠檬烯折射率及含量的测定

一、任务描述

许多纯物质都具有一定的折射率，如果物质中含有杂质，其折射率将出现偏差，杂质越多偏差越大，所以可通过测定折射率来测定物质的含量。本次实验采用阿贝折射仪测定橙皮中柠檬烯的含量，此方法具有快速、操作简便等优点。

在本次工作任务中，我们将掌握阿贝折射仪的操作方法，了解折射仪的测量原理，学会配制一系列不同浓度的标准溶液，并学会绘制柠檬烯折射率-浓度（n-c）曲线。

二、任务提示

（一）工作方法

1. 根据任务描述，通过线上学习与讨论了解测定折射率的意义，了解折射仪的种类、用途，掌握阿贝折射仪的操作方法、测量原理，学会配制一系列不同浓度的标准溶液，并学会绘制标准曲线。通过查询互联网、查阅图书馆资料等途径收集、分析有关信息。

2. 查阅资料完成资料卡。

3. 根据项目导学案，制订实验计划，完成实验。

4. 对于出现的问题，请先自行解决，如确实无法解决，再寻求帮助。

5. 与指导教师讨论，进行学习总结。

（二）工作内容

1. 工作过程按照"六步法"实施。

2. 认真回答引导问题，仔细填写相关表格。

3. 小组合作完成任务，对任务完成情况的评价应客观、全面。

4. 进行现场"7S"管理，并按照岗位安全操作规程进行操作。

（三）知识储备

1. 折射率的测定意义。

2. 阿贝折射仪的测量原理。

3. 标准溶液的配制及标准曲线的绘制。

（四）注意事项与安全环保知识

1. 熟悉实验相关设备的使用方法。

2. 切勿使两块直角棱镜与其他硬物（如滴管末端）接触，以防损伤折射仪。

3. 酸性物质、碱性物质和氟化物不得使用阿贝折射仪测量。

4. 完成实验并经教师检查评估后，拆下实验装置。

5. 必须水、电分离。

6. 实验结束后，将实验器材放回原来位置，做好实验室"7S"管理。

三、工作过程

（一）信息

1. 从"网络课程"接受任务，通过查询互联网、查阅图书馆资料等途径收集、分析有关信息，完成资料卡。

资料卡的内容要求如下：

（1）折射率的测定意义。

（2）折射仪的种类、用途及测量原理。

（3）标准曲线溶液的配制原则。

2. 在网络讨论组内进行成果分享、交流与讨论。

（二）计划

按照任务导学，完成导学问题。

学习任务一：标准溶液的配制及标准曲线的绘制。

如何配制一系列不同浓度的标准溶液并绘制标准曲线？

学习任务二：阿贝折射仪的使用。

（1）阿贝折射仪的最佳测定温度为多少？为什么呢？

（2）阿贝折射仪在测定样品前应如何用标准试样进行校准？

（3）读取折光率时，需要旋转棱镜转动手轮到最佳位置，此时折射仪的目镜视野图是怎样的？请画出来。为什么采用"半明半暗"的方法？

学习任务三：列出本次实验所用器材、药品的名称、规格和数量（表4-1-1）。

表 **4-1-1** 器材、药品选型

序号	器材、药品名称	规格	数量	备注
1				
2				
3				
4				
5				
6				
7				
8				
9				
10				
11				
12				

（三）决策

1. 制订实验计划流程表，绘制实验装置图，并通过网络传送给指导教师。

（1）填制实验计划流程表（表4-1-2）。

表 **4-1-2** 实验计划流程表

序号	工作步骤	责任人	备注
1			
2			
3			
4			
5			
6			
7			
8			
9			
10			
11			
12			

（2）绘制实验装置图。

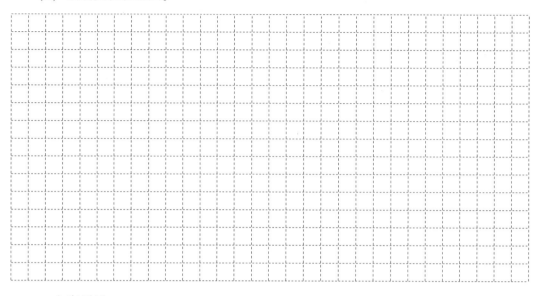

2. 方案展示。

已上传实验计划流程表和装置图的同学进行方案展示，其他同学对该方案提出意见和建议，完善方案。

（四）实施

1. 自主进行实验操作，及时记录实验数据。

各成员完善实验操作方案设计，每位学生自主进行实验操作。及时记录实验数据（表4-1-3）。最后根据实验结果进行数据处理分析。

要求：独立完成实验操作，操作必须规范、安全。

表 4-1-3　实验流程记录表

序号	具体操作步骤	操作温度	操作时间
1			
2			
3			
4			
5			
6			
7			
8			
9			
10			

2. 成果分享。

各成员以小组为单位分享及解答实验过程中的问题。针对问题，教师及时进行现场指导与分析。

（五）数据处理及结论

1. 对照实验技术要求，完善数据记录表，完成数据记录及数据处理（表4-1-4）。

表4-1-4　数据记录表

测量项目1		纯水	标准溶液					
浓度								
折射率	n_1							
	n_2							
	n_3							
	平均值							
测量项目2		柠檬烯样品						
折射率	n_1							
	n_2							
	n_3							
	平均值							

2. 绘制标准曲线。

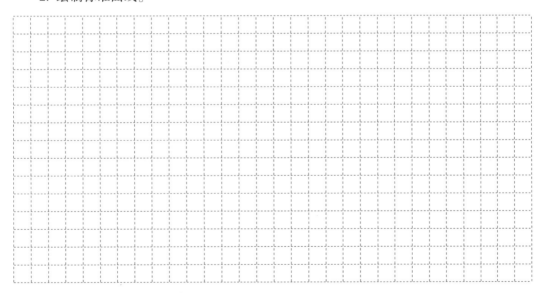

柠檬烯含量为：＿＿＿＿＿＿＿＿＿＿＿＿＿＿＿＿＿＿＿＿＿

3. 按以上测量项目完成数据的记录，并根据数据进行结果的处理和分析，以便总结、评价与提升。

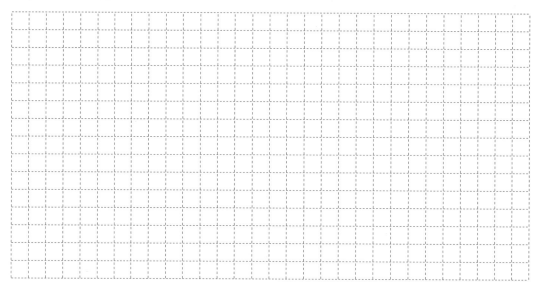

（六）评价

填写项目任务工作评价表（表4-1-5）。

表 4-1-5　项目任务工作评价表

小组名称			姓名		评价日期		
项目名称					评价时间		
否决项		违反设备操作规程与安全环保规范，造成设备损坏或人身事故，该项目0分					
评价要素	配分	各项操作要求评分细则			自我评价	小组评价	教师评价
1 实训前准备	12分	1. 佩戴安全眼镜		每错1项扣2分			
		2. 穿好实验服					
		3. 把头发扎起来，不允许佩用披肩、围巾					
		4. 穿好覆盖全身的衣服，穿封闭式的鞋子					
		5. 在不同的实验操作要求下准备好不同规格及性能的手套					
		6. 根据任务导学提前进行实验预习，制订合理的工作计划					
2 实验操作实施与检查	30分	1. 试剂、药品的取用、存放、清理		每错1项扣3分			
		2. 精密仪器操作规范，仪器设备确定好使用人					
		3. 玻璃仪器清洗完毕后，把仪器表面上的水擦干净，以免加热锅短路/断路					
		4. 冷却水的使用：控制好流速，不宜过快，否则太浪费，而且接口处容易爆开					

评价要素		配分	各项操作要求评分细则		自我评价	小组评价	教师评价
2	实验操作实施与检查	30分	5. 传感器的信号线要理顺，不然很容易折断，引起短路，测不出信号	每错1项扣3分			
			6. 在搅拌转动过程中，禁止直接将玻璃棒伸到烧瓶中取液测定pH				
			7. 进行容量瓶、量筒的定量操作时，须水平放置				
			8. 进行滴定管、量筒读数时，须水平平视				
			9. 用电安全：水电分离，遇到要往烧瓶内加试剂的时候，可以先断电，移开加热锅，再加试剂				
			10. 实验操作时，玻璃仪器不要放在右手边，那样很容易打碎玻璃仪器				
3	安全环保意识	30分	1. 未经允许不得进入试剂准备间和药品室	每错1项扣3分			
			2. 实验结束后，所有实验用化学试剂与用品均应倒入废液桶或待处理废弃物收集桶				
			3. 高温的电热板必须有警示标志，玻璃器皿爆裂后必须戴手套清理				
			4. 所有的事故应及时报告和记录				
			5. 实验中途休息阶段应停水停电				
			6. 实验室里不允许出现食物和饮料				
			7. 在实验室里不允许打闹，休息前应洗手，不允许玩手机				
			8. 应及时清理桌面上不需要的化学药品				
			9. 配溶液要戴手套在通风橱内进行				
			10. 不得破坏物品，否则要赔偿				
4	实训后卫生检查	8分	1. 工位必须保持整洁，玻璃仪器应摆放在正确的位置	每错1项扣2分			
			2. 值日生必须按要求做好值日工作				
			3. 不得迟到早退				
			4. 不得乱窜实验室				
5	综合素质考核	20分	1. 严格按计划与工作规程实施计划，遇到问题时应正确分析并解决，检查过程能正常开展 2. 积极参与小组工作，按时完成项目任务，全勤				
总分		100分		得分			
根据学生实际情况，由培训师设定三个项目评分的权重，如3∶3∶4					30%	30%	40%
加权后得分							
综合总分							

学生签字：＿＿＿＿＿＿＿＿＿　　　培训师签字：＿＿＿＿＿＿＿＿＿

（日期）　　　　　　　　　　　（日期）

模块四　半成品、成品检测分析

四、项目学习总结

重点写出不足及今后工作的改进计划。

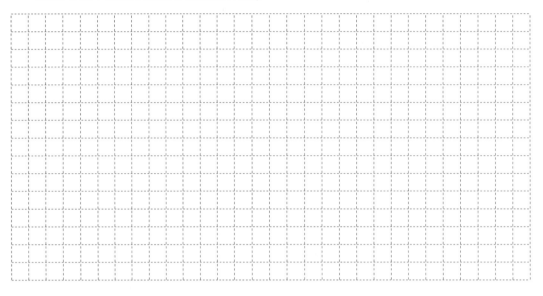

五、扩展与提高

若要利用阿贝折射仪测量葡萄果汁中总可溶性固形物含量，你会如何设计实验？请写出实验方案。

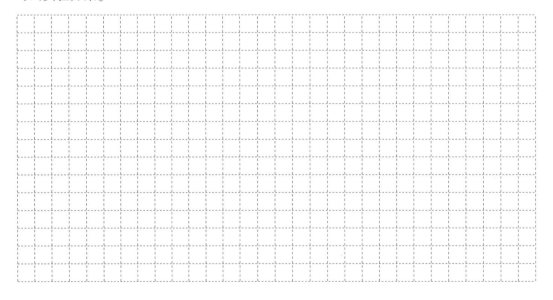

项目二 阿司匹林的鉴定及含量测定

一、任务描述

本次任务是利用全自动视频熔点仪测定提纯后阿司匹林（乙酰水杨酸）产物的熔点，利用紫外光谱法测定阿司匹林（乙酰水杨酸）的含量，计算产物中阿司匹林（乙酰水杨酸）的含量，进一步分析其纯度。

在本次工作任务中，我们将学习阿司匹林（乙酰水杨酸）的鉴定及含量测定的方法，进一步熟练熔点测定的基本操作，学会通过熔点仪判定物质的纯度；利用紫外光谱法来鉴定有机化合物，通过实践了解紫外光谱法在有机合成中的应用。

二、任务提示

（一）工作方法

1. 根据任务描述，通过线上学习与讨论掌握全自动视频熔点仪的原理及使用方法，紫外分光光度计的操作方法及谱图的解读，以及用标准曲线法测定未知液浓度的方法。通过查询互联网、查阅图书馆资料等途径收集、分析有关信息。

2. 查阅资料完成资料卡。

3. 根据项目导学案，制订实验计划，完成实验。

4. 对于出现的问题，请先自行解决，如确实无法解决，再寻求帮助。

5. 与指导教师讨论，进行学习总结。

（二）工作内容

1. 工作过程按照"六步法"实施。

2. 认真回答引导问题，仔细填写相关表格。

3. 小组合作完成任务，对任务完成情况的评价应客观、全面。

4. 进行现场"7S"管理，并按照岗位安全操作规程进行操作。

（三）知识储备

1. 熔点、熔程的概念。

2. 全自动视频熔点仪的工作原理。

3. 全自动视频熔点仪的操作方法。

4. 乙酰水杨酸的性能特点。

5. 利用熔点判定物质纯度。

6. 标准曲线法。

7. 紫外分光光度计的操作方法。

（四）注意事项与安全环保知识

1. 熟悉实验设备的使用方法。

2. 插入与取出毛细管时，必须小心谨慎，避免断裂。

3. 制订一定规范的室温要求。

4. 毛细管插入仪器前应用软布将外面玷污的物质清除。

5. 完成实验并经教师检查评估后，关闭实验设备。

6. 实验结束后，将实验器材放回原来位置，药品回收，做好实验室"7S"管理。

三、工作过程

（一）信息

1. 从"网络课程"接受任务，通过查询互联网、查阅图书馆资料等途径收集、分析有关信息，完成资料卡。

资料卡的内容要求如下：

（1）查阅全自动视频熔点仪、紫外分光光度计相关仪器的标准作业程序并熟悉操作流程。

（2）查阅阿司匹林（乙酰水杨酸）的紫外光谱图。

（3）查阅合成阿司匹林（乙酰水杨酸）的理化性质。

2. 在网络讨论组内进行成果分享、交流与讨论。

（二）计划

1. 按照任务导学，完成导学问题。

学习任务一：全自动视频熔点仪参数的确定。

通过分析本次实验样品乙酰水杨酸的性能特点，设置正确的仪器参数。

学习任务二：用紫外光谱法测定产物中阿司匹林（乙酰水杨酸）的含量。

（1）根据阿司匹林（乙酰水杨酸）的性质应选用何种溶剂？

（2）如何确定溶液的最大吸收波长？

学习任务三：列出本次实验所用器材、药品的名称、规格和数量（表 4-2-1）。

表 4-2-1　器材、药品选型

序号	器材、药品名称	规格	数量	备注
1				
2				
3				
4				
5				
6				
7				
8				
9				
10				
11				
12				

（三）决策

1. 制订实验计划流程表（表 4-2-2），并通过网络传送给指导教师。

表 4-2-2　实验计划流程表

序号	工作步骤	预期现象	备注
1			
2			
3			
4			
5			
6			
7			
8			

2. 方案展示。

已上传工作计划流程表的小组进行方案展示，其他小组对该方案提出意见和建议，完善方案。

（四）实施

1. 乙酰水杨酸熔点的测定。

（1）根据测定样品选择合适的设置参数，自主进行测定样品的预处理并进行测定操作。及时记录实验现象及实验结果。针对问题，教师及时进行现场指导与分析。

（2）要求：独立完成实验操作，操作必须规范、安全。

2. 实验仪器参数设定记录。

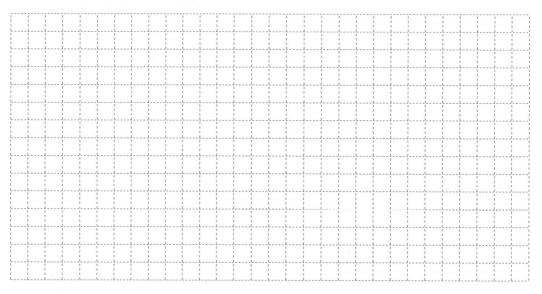

2. 紫外光谱法测定产物中阿司匹林（乙酰水杨酸）的含量。

（1）紫外光谱图的扫描。

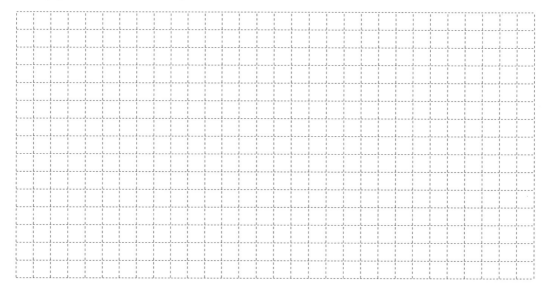

（2）不同浓度标准溶液吸光度值及样品溶液浓度的测定（表4-2-3）。

表4-2-3 不同浓度标准溶液吸光度值及样品溶液浓度的测定

编号	1	2	3	4	5	样品1	样品2	样品3
吸光度								
浓度								

3. 成果分享。

由其他小组对其设置参数进行分享及问题解答。针对问题，教师及时进行现场指导与分析。

（五）结果与讨论

1. 对照实验技术要求，编制数据记录表。请完善以下记录项要点，完成数据记录及实验结果处理（表4-2-4）。

表4-2-4 熔点测定

项目名称：				记录时间：	
样品名称：		实验熔点：			
始熔	1		2	3	平均值
全熔					

2. 绘制乙酰水杨酸溶液标准曲线图。

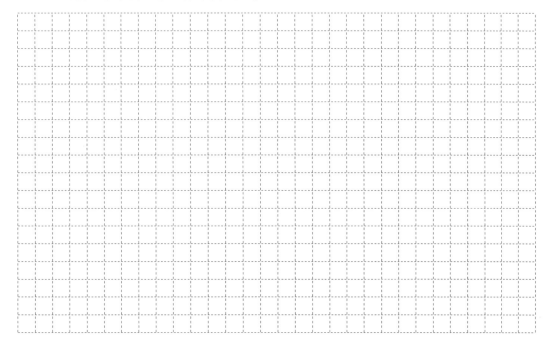

3. 计算乙酰水杨酸的含量。

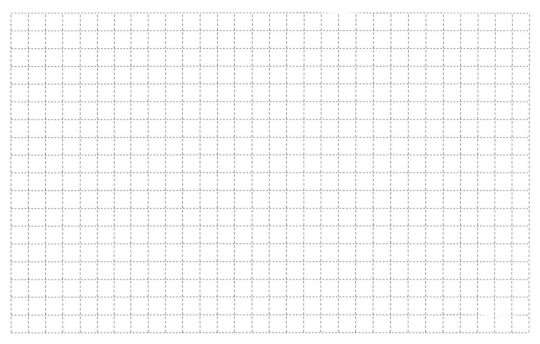

4. 通过分析乙酰水杨酸样品的熔点、乙酰水杨酸含量，进一步分析产品纯度，并讨论影响产品纯度的因素有哪些。

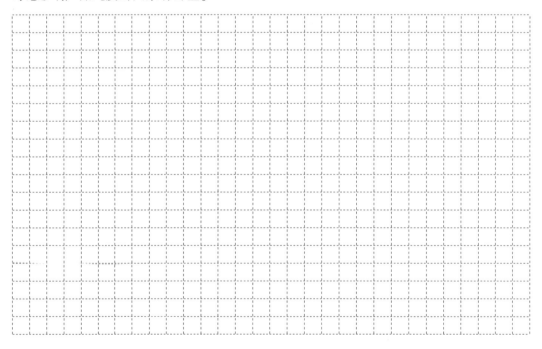

（六）评价

填写项目任务工作评价表（表4-2-5）。

表4-2-5　项目任务工作评价表

小组名称			姓名		评价日期		
项目名称					评价时间		
否决项		违反设备操作规程与安全环保规范，造成设备损坏或人身事故，该项目0分					
评价要素		配分	各项操作要求评分细则		自我评价	小组评价	教师评价
1	实训前准备	12分	1. 佩戴安全眼镜	每错1项扣2分			
			2. 穿好实验服				
			3. 把头发扎起来，不允许佩用披肩、围巾				
			4. 穿好覆盖全身的衣服，穿封闭式的鞋子				
			5. 在不同的实验操作要求下准备好不同规格及性能的手套				
			6. 根据任务导学提前进行实验预习，制订合理的工作计划				
2	实验操作实施与检查	30分	1. 试剂、药品的取用、存放、清理	每错1项扣3分			
			2. 精密仪器操作规范，仪器设备确定好使用人				
			3. 玻璃仪器清洗完毕后，把仪器表面上的水擦干净，以免加热锅短路/断路				
			4. 冷却水的使用：控制好流速，不宜过快，否则太浪费，而且接口处容易爆开				
			5. 传感器的信号线要理顺，不然很容易折断，引起短路，测不出信号				
			6. 在搅拌转动过程中，禁止直接将玻璃棒伸到烧瓶中取液测定pH				
			7. 进行容量瓶、量筒的定量操作时，须水平放置				
			8. 进行滴定管、量筒读数时，须水平平视				
			9. 用电安全：水电分离，遇到要往烧瓶内加试剂的时候，可以先断电，移开加热锅，再加试剂				
			10. 实验操作时，玻璃仪器不要放在右手边，那样很容易打碎玻璃仪器				
3	安全环保意识	30分	1. 未经允许不得进入试剂准备间和药品室	每错1项扣3分			
			2. 实验结束后，所有实验用化学试剂与用品均应倒入废液桶或待处理废弃物收集桶				
			3. 高温的电热板必须有警示标志，玻璃器皿爆裂后必须戴手套清理				
			4. 所有的事故应及时报告和记录				
			5. 实验中途休息阶段应停水停电				

107

评价要素		配分	各项操作要求评分细则		自我评价	小组评价	教师评价
3	安全环保意识	30 分	6. 实验室里不允许出现食物和饮料	每错1项扣3分			
			7. 在实验室里不允许打闹，休息前应洗手，不允许玩手机				
			8. 应及时清理桌面上不需要的化学药品				
			9. 配溶液要戴手套在通风橱内进行				
			10. 不得破坏物品，否则要赔偿				
4	实训后卫生检查	8 分	1. 工位必须保持整洁，玻璃仪器应摆放在正确的位置	每错1项扣2分			
			2. 值日生必须按要求做好值日工作				
			3. 不得迟到早退				
			4. 不得乱窜实验室				
5	综合素质考核	20 分	1. 严格按计划与工作规程实施计划，遇到问题时应正确分析并解决，检查过程能正常开展 2. 积极参与小组工作，按时完成项目任务，全勤				
总分		100 分	得分				
根据学生实际情况，由培训师设定三个项目评分的权重，如 3：3：4					30%	30%	40%
加权后得分							
综合总分							

学生签字：＿＿＿＿＿＿＿＿　　　培训师签字：＿＿＿＿＿＿＿＿
　　（日期）　　　　　　　　　　　　（日期）

四、项目学习总结

重点写出不足及今后工作的改进计划。

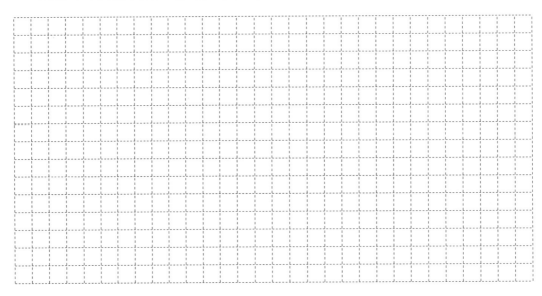

五、扩展与提高

结晶聚合物如尼龙、聚烯烃、聚酯等材料，是晶相与非晶相共同存在的聚合物，它们不像低分子物质那样有一个明显的熔点，而是有一个熔融范围。请选择一种高聚物，利用熔点仪测定其熔融范围，并给出实验方案。

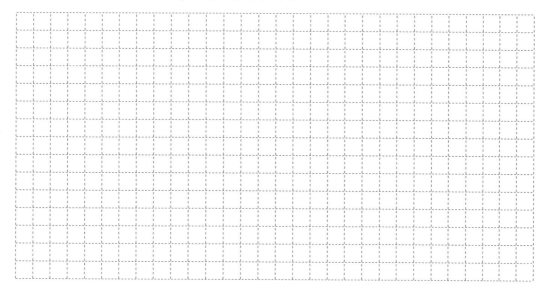

项目三 丙烯酸酯乳液胶黏剂特性黏度的测定

一、任务描述

黏度是指液体流动时所表现出的阻力，这种力反抗液体中邻接部分的相对移动，可看作是由液体内部分子间的内摩擦而产生的。

在本次工作任务中，我们将学习用乌氏黏度计测定丙烯酸酯乳液胶黏剂的特性黏度，熟悉乌氏黏度计测定黏度的原理和方法，并灵活应用。

二、任务提示

（一）工作方法

1. 根据任务描述，通过线上学习与讨论了解黏度相关理论知识，熟悉乌氏黏度计测定原理及方法。通过查询互联网、查阅图书馆资料等途径收集、分析有关信息。

2. 查阅资料完成资料卡。

3. 根据项目导学案，制订实验计划，完成实验。

4. 对于出现的问题，请先自行解决，如确实无法解决，再寻求帮助。

5. 与指导教师讨论，进行学习总结。

（二）工作内容

1. 工作过程按照"六步法"实施。

2. 认真回答引导问题，仔细填写相关表格。

3. 小组合作完成任务，对任务完成情况的评价应客观、全面。

4. 进行现场"7S"管理，并按照岗位安全操作规程进行操作。

（三）知识储备

1. 黏度的常见表示方式。

2. 测定黏度的不同方法。

3. 影响黏度的因素。

（四）注意事项与安全环保知识

1. 熟悉实验设备的使用方法。

2. 在实验过程中需要保持恒温水浴。

3. 实验开始前，所用的毛细管黏度计必须洗净。

4. 更换不同浓度的溶液时，必须用溶液反复润洗毛细管。

5. 完成实验并经教师检查评估后，拆下实验装置。

6. 实验结束后，将实验器材放回原来位置，做好实验室"7S"管理。

三、工作过程

（一）信 息

1. 从"网络课程"接受任务，通过查询互联网、查阅图书馆资料等途径收集、分析有关信息，完成资料卡。

资料卡的内容要求如下：

（1）测定胶黏剂黏度的方法。

（2）乌式黏度计的工作原理、使用方法。

（3）乌式黏度计操作条件的控制。

2. 在网络讨论组内进行成果分享、交流与讨论。

（二）计 划

按照任务导学，完成导学问题。

学习任务一：乌式黏度计的作用及注意点。

（1）乌氏黏度计 3 根支管的作用是什么？

（2）黏度计为什么要保证洗净无尘？

学习任务二：特性黏度的求取。

（1）请写出增比黏度、比浓黏度、相对黏度的计算公式。

（2）如何用外推法求特性黏度？

学习任务三：列出本次实验所用器材、药品的名称、规格和数量（表4-3-1）。

表 4-3-1　器材、药品选型

序号	器材、药品名称	规格	数量	备注
1				
2				
3				
4				
5				
6				
7				
8				
9				
10				
11				
12				

（三）决策

1. 制订实验计划流程表，绘制实验装置图，并通过网络传送给指导教师。

（1）制订实验计划流程表（表4-3-2）。

表 4-3-2　实验计划流程表

序号	测定步骤	温度的设定	备注
1			
2			
3			
4			
5			
6			
7			
8			
9			
10			
11			
12			

（2）绘制实验装置图。

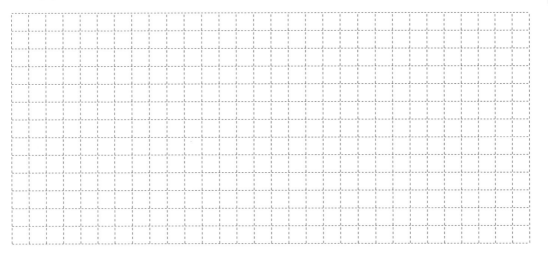

2. 方案展示。

已上传实验计划流程表和装置图的同学进行方案展示，其他同学对该方案提出意见和建议，完善方案。

（四）实施

1. 自主搭建实验装置并进行实验操作，及时记录实验现象（表4-3-3）。

各成员完善实验装置及实验操作方案设计，每位学生自主搭建实验装置并进行实验操作。及时记录操作温度、操作时间。

要求：独立完成实验操作，操作必须规范、安全。

表 4-3-3　实验流程记录表

序号	具体操作步骤	操作温度	操作时间
1			
2			
3			
4			
5			
6			
7			
8			
9			
10			
11			
12			

2. 成果分享。

各成员以小组为单位分享及解答实验过程中的问题。针对问题，教师及时进行现场指导与分析。

（五）数据记录及整理

1. 对照实验技术要求，完善数据记录表和数据处理表的项目，完成数据记录和数据处理（表4-3-4、表4-3-5）。

表 4-3-4　数据记录表

项目名称：				操作温度：
测量项目	流出时间/s			
	1	2	3	平均时间
溶剂				
溶液浓度				

表 4-3-5　数据处理表

项目名称：				操作温度：
数据处理项目				
溶液浓度				

2. 用坐标纸以比浓黏度和比溶对数黏度为同一纵坐标、浓度为横坐标作图，求特性黏度。

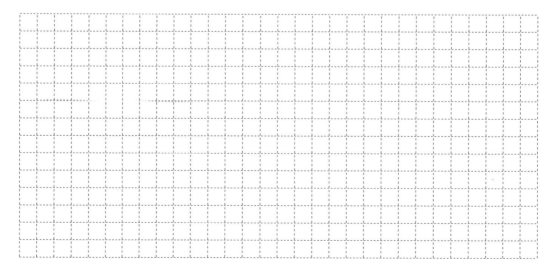

3. 按以上测量项目完成数据的记录，并根据数据进行结果的处理和分析，以便总结、评价与提升。

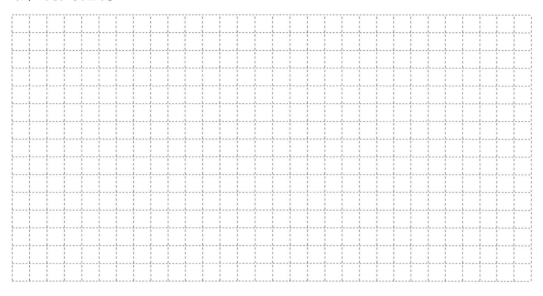

（六）评价

填写项目任务工作评价表（表4-3-6）。

表 4-3-6　项目任务工作评价表

小组名称				姓名		评价日期		
项目名称						评价时间		
否决项		违反设备操作规程与安全环保规范，造成设备损坏或人身事故，该项目0分						
评价要素	配分		各项操作要求评分细则			自我评价	小组评价	教师评价
1	实训前准备	12分	1. 佩戴安全眼镜		每错1项扣2分			
			2. 穿好实验服					
			3. 把头发扎起来，不允许佩用披肩、围巾					
			4. 穿好覆盖全身的衣服，穿封闭式的鞋子					
			5. 在不同的实验操作要求下准备好不同规格及性能的手套					
			6. 根据任务导学提前进行实验预习，制订合理的工作计划					
2	实验操作实施与检查	30分	1. 试剂、药品的取用、存放、清理		每错1项扣3分			
			2. 精密仪器操作规范，仪器设备确定好使用人					
			3. 玻璃仪器清洗完毕后，把仪器表面上的水擦干净，以免加热锅短路/断路					
			4. 冷却水的使用：控制好流速，不宜过快，否则太浪费，而且接口处容易爆开					

应用化学综合实验教程：技能训练模块化工作手册

评价要素		配分	各项操作要求评分细则		自我评价	小组评价	教师评价
2	实验操作实施与检查	30分	5. 传感器的信号线要理顺，不然很容易折断，引起短路，测不出信号	每错1项扣3分			
			6. 在搅拌转动过程中，禁止直接将玻璃棒伸到烧瓶中取液测定pH				
			7. 进行容量瓶、量筒的定量操作时，须水平放置				
			8. 进行滴定管、量筒读数时，须水平平视				
			9. 用电安全：水电分离，遇到要往烧瓶内加试剂的时候，可以先断电，移开加热锅，再加试剂				
			10. 实验操作时，玻璃仪器不要放在右手边，那样很容易打碎玻璃仪器				
3	安全环保意识	30分	1. 未经允许不得进入试剂准备间和药品室	每错1项扣3分			
			2. 实验结束后，所有实验用化学试剂与用品均应倒入废液桶或待处理废弃物收集桶				
			3. 高温的电热板必须有警示标志，玻璃器皿爆裂后必须戴手套清理				
			4. 所有的事故应及时报告和记录				
			5. 实验中途休息阶段应停水停电				
			6. 实验室里不允许出现食物和饮料				
			7. 在实验室里不允许打闹，休息前应洗手，不允许玩手机				
			8. 应及时清理桌面上不需要的化学药品				
			9. 配溶液要戴手套在通风橱内进行				
			10. 不得破坏物品，否则要赔偿				
4	实训后卫生检查	8分	1. 工位必须保持整洁，玻璃仪器应摆放在正确的位置	每错1项扣2分			
			2. 值日生必须按要求做好值日工作				
			3. 不得迟到早退				
			4. 不得乱窜实验室				
5	综合素质考核	20分	1. 严格按计划与工作规程实施计划，遇到问题时应正确分析并解决，检查过程能正常开展 2. 积极参与小组工作，按时完成项目任务，全勤				
总分		100分		得分			
根据学生实际情况，由培训师设定三个项目评分的权重，如3：3：4					30%	30%	40%
加权后得分							
综合总分							

学生签字：＿＿＿＿＿＿＿   培训师签字：＿＿＿＿＿＿＿
　　（日期）　　　　　　　　　　（日期）

四、项目学习总结

重点写出不足及今后工作的改进计划。

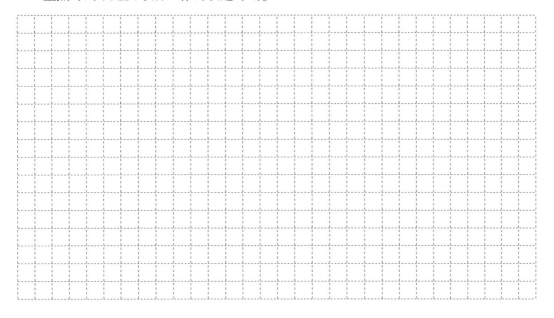

五、扩展与提高

如果你现在所在的实验室内只有圆球，并要求测定丙烯酸酯乳液胶黏剂的特性黏度，你会如何测？请写出实验方案。

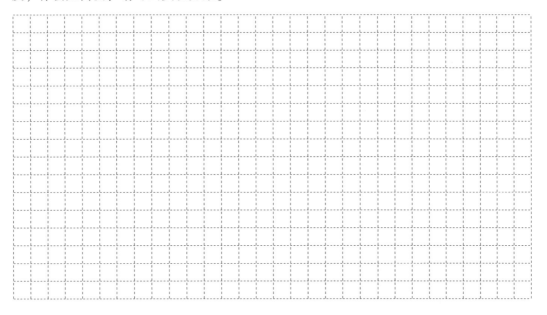

项目四 丙烯酸酯乳液胶黏剂 pH 的测定

一、任务描述

本次任务是利用电位测量法测定所合成的丙烯酸酯乳液胶黏剂的 pH。在被测溶液中插入两个不同的电极，形成一个原电池，测量两电极的电势就可以得到被测溶液的 pH。

在本次工作任务中，我们将了解电位法测量原理，通过学习便携式雷磁 pH 计的使用、丙烯酸酯乳液胶黏剂样品的处理，学会各类胶黏剂 pH 的测定。

二、任务提示

（一）工作方法

1. 根据任务描述，通过线上学习与讨论了解 pH 的测定方法及原理，了解酸度计的发展历史及工作原理，掌握便携式雷磁 pH 计的使用方法及注意事项。通过查询互联网、查阅图书馆资料等途径收集、分析有关信息。

2. 查阅资料完成资料卡。

3. 根据项目导学案，制订实验计划，完成实验。

4. 对于出现的问题，请先自行解决，如确实无法解决，再寻求帮助。

5. 与指导教师讨论，进行学习总结。

（二）工作内容

1. 工作过程按照"六步法"实施。

2. 认真回答引导问题，仔细填写相关表格。

3. 小组合作完成任务，对任务完成情况的评价应客观、全面。

4. 进行现场"7S"管理，并按照岗位安全操作规程进行操作。

（三）知识储备

1. pH 的定义。

2. pH 电位法的测量原理。

3. 能斯特方程。

（四）注意事项与安全环保知识

1. 熟悉实验相关设备的使用方法。

2. 避免电极的敏感玻璃泡与硬物及有机硅油接触，以免使电极失效。

3. 完成实验并经教师检查评估后，拆下实验装置。

4. 实验结束后，将实验器材放回原来位置，做好实验室"7S"管理。

三、工作过程

（一）信 息

1. 从"网络课程"接受任务，通过查询互联网、查阅图书馆资料等途径收集、分析有关信息，完成资料卡。

资料卡的内容要求如下：

（1）测量 pH 的主要方法及测量原理。

（2）酸度计的发展历史、工作原理。

（3）便携式雷磁 pH 计的使用方法、注意事项。

（4）查询国家标准 GB/T 14518—1993，选择合适的试样处理方法。

2. 在网络讨论组内进行成果分享、交流与讨论。

（二）计 划

按照任务导学，完成导学问题。

学习任务一：pH 计的标定方法。

（1）实验中用来标定 pH 计的标准缓冲溶液应如何选择？

（2）实验中所用的标准缓冲溶液应如何配制？

（3）为了实现较高的测量精度，如何进行 pH 计的二点标定？

学习任务二：待测样品的处理方法。

如何对样品进行处理？

学习任务三：列出本次实验所用器材、药品的名称、规格和数量（表4-4-1）。

表 4-4-1　器材、药品选型

序号	器材、药品名称	规格	数量	备注
1				
2				
3				
4				
5				
6				
7				
8				
9				
10				
11				
12				

（三）决策

1. 制订实验计划流程表（表4-4-2），并通过网络传送给指导教师。

表 4-4-2　实验计划流程表

序号	测定步骤	责任人	备注
1			
2			
3			
4			
5			
6			
7			
8			
9			
10			
11			
12			

2. 方案展示。

已上传实验计划流程表和实验装置图的同学进行方案展示，其他同学对该方案提出意见和建议，完善方案。

（四）实施

1. 自主进行实验操作，及时记录实验数据。

各成员完善实验操作方案设计，每位学生自主进行实验操作。及时记录实验数据（表4-4-3）。最后根据实验结果进行数据处理分析。

要求：独立完成实验操作，操作必须规范、安全。

表4-4-3　实验流程记录表

序号	具体操作步骤	操作温度	操作时间
1			
2			
3			
4			
5			
6			
7			
8			
9			
10			

2. 成果分享。

各成员以小组为单位分享及解答实验过程中的问题。针对问题，教师及时进行现场指导与分析。

（五）数据处理及结论

1. 对照实验技术要求，完善数据记录表，完成数据记录及数据处理（表4-4-4）。

表4-4-4　数据记录表

试样名称：			时间：
试样处理：			温度：
测量项目	样品编号		
	1	2	3
pH			
pH 平均值			

2. 按以上测量项目完成数据的记录，并根据数据进行结果的处理和分析，以便总结、评价与提升。

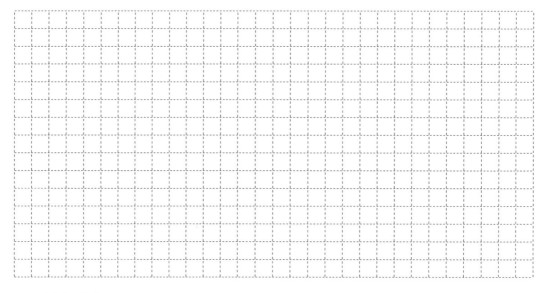

（六）评价

填写项目任务工作评价表（表4-4-5）。

表4-4-5　项目任务工作评价表

小组名称				姓名		评价日期		
项目名称						评价时间		
否决项			违反设备操作规程与安全环保规范，造成设备损坏或人身事故，该项目0分					
评价要素	配分		各项操作要求评分细则			自我评价	小组评价	教师评价
1	实训前准备	12分	1. 佩戴安全眼镜		每错1项扣2分			
			2. 穿好实验服					
			3. 把头发扎起来，不允许佩用披肩、围巾					
			4. 穿好覆盖全身的衣服，穿封闭式的鞋子					
			5. 在不同的实验操作要求下准备好不同规格及性能的手套					
			6. 根据任务导学提前进行实验预习，制订合理的工作计划					
2	实验操作实施与检查	30分	1. 试剂、药品的取用、存放、清理		每错1项扣3分			
			2. 精密仪器操作规范，仪器设备确定好使用人					
			3. 玻璃仪器清洗完毕后，把仪器表面上的水擦干净，以免加热锅短路/断路					
			4. 冷却水的使用：控制好流速，不宜过快，否则太浪费，而且接口处容易爆开					
			5. 传感器的信号线要理顺，不然很容易折断，引起短路，测不出信号					

评价要素		配分	各项操作要求评分细则		自我评价	小组评价	教师评价
2	实验操作实施与检查	30分	6. 在搅拌转动过程中，禁止直接将玻璃棒伸到烧瓶中取液测定 pH	每错1项扣3分			
			7. 进行容量瓶、量筒的定量操作时，须水平放置				
			8. 进行滴定管、量筒读数时，须水平平视				
			9. 用电安全：水电分离，遇到要往烧瓶内加试剂的时候，可以先断电，移开加热锅，再加试剂				
			10. 实验操作时，玻璃仪器不要放在右手边，那样很容易打碎玻璃仪器				
3	安全环保意识	30分	1. 未经允许不得进入试剂准备间和药品室	每错1项扣3分			
			2. 实验结束后，所有实验用化学试剂与用品均应倒入废液桶或待处理废弃物收集桶				
			3. 高温的电热板必须有警示标志，玻璃器皿爆裂后必须戴手套清理				
			4. 所有的事故应及时报告和记录				
			5. 实验中途休息阶段应停水停电				
			6. 实验室里不允许出现食物和饮料				
			7. 在实验室里不允许打闹，休息前应洗手，不允许玩手机				
			8. 应及时清理桌面上不需要的化学药品				
			9. 配溶液要戴手套在通风橱内进行				
			10. 不得破坏物品，否则要赔偿				
4	实训后卫生检查	8分	1. 工位必须保持整洁，玻璃仪器应摆放在正确的位置	每错1项扣2分			
			2. 值日生必须按要求做好值日工作				
			3. 不得迟到早退				
			4. 不得乱窜实验室				
5	综合素质考核	20分	1. 严格按计划与工作规程实施计划，遇到问题时应正确分析并解决，检查过程能正常开展 2. 积极参与小组工作，按时完成项目任务，全勤				
总分		100分		得分			
根据学生实际情况，由培训师设定三个项目评分的权重，如3：3：4					30%	30%	40%
加权后得分							
综合总分							

学生签字：_____   培训师签字：_____
（日期）   （日期）

四、项目学习总结

重点写出不足及今后工作的改进计划。

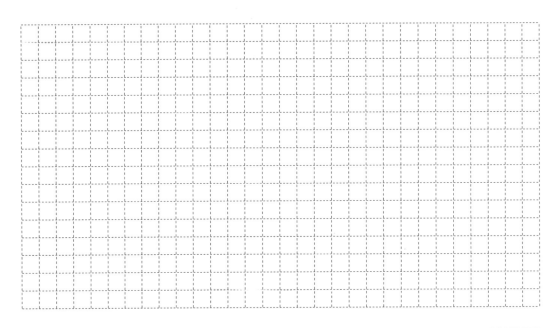

五、扩展与提高

实验室有一些热熔胶棒需要测定其 pH，如何利用便携式雷磁 pH 计进行测定？请写出实验方案。

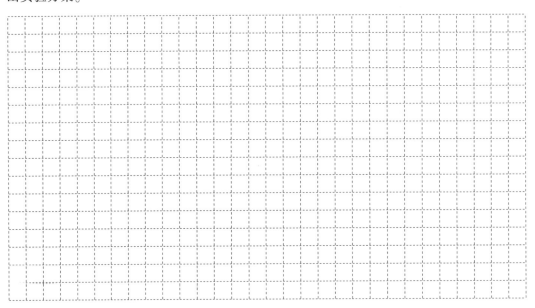

模块五

综合拓展性实验

在任何情况下，都应该使我们的推理受到实验的检验，除了通过实验和观察的自然道路去寻求真理之外，别无他途。

——拉瓦锡

科学的灵感，决不是坐等可以等来的。如果说，科学上的发现有什么偶然的机遇的话，那么这种"偶然的机遇"只能给那些学有素养的人，给那些善于独立思考的人，给那些具有锲而不舍的精神的人，而不会给懒汉。

——华罗庚

项目一 偶氮化合物的制备（甲基橙）、印染废水中甲基橙含量的测定及脱色实验

任务一 吸附剂累托石/PVA 球的制备

一、任务描述

本次任务将聚乙烯醇作为载体材料，将粉末状改性累托石进行包埋固定，从而制得累托石/PVA 微球，解决粉末吸附剂遇水易分散、沉降性能差、后续处理固液分离难的问题，充分发挥有机吸附材料和无机吸附材料的协同作用，有效去除水中的污染物。

在本次工作任务中，我们将系统地学习累托石/PVA 微球的制备，研究不同制备工艺条件对累托石/PVA 微球吸附性能的影响。

二、任务提示

（一）工作方法

1. 根据任务描述，通过线上学习与讨论了解黏土矿物在废水处理中的应用，以及粒状吸附剂的研究前景，重点讨论累托石的结构、物理特性、应用，尤其是改性累托石在废水处理中的应用。通过查询互联网、查阅图书馆资料等途径收集、分析有关信息。

2. 查阅资料完成资料卡。

3. 根据项目导学案，制订实验计划，完成实验。

4. 对于出现的问题，请先自行解决，如确实无法解决，再寻求帮助。

5. 与指导教师讨论，进行学习总结。

（二）工作内容

1. 工作过程按照"六步法"实施。

2. 认真回答引导问题，仔细填写相关表格。

3. 小组合作完成任务，对任务完成情况的评价应客观、全面。

4. 进行现场"7S"管理，并按照岗位安全操作规程进行操作。

（三）相关理论知识

1. 累托石的物理性状。

2. 粒状吸附剂的载体材料。

3. 吸附法。

4. 分光光度计的使用。

5. 动力学、热力学定量分析。

6. 单因素优化法。

7. 正交实验。

8. 作图软件的使用。

（四）注意事项与安全环保知识

1. 熟悉实验相关设备的使用方法。

2. 废水中可能存在少量悬浮杂质，会给定量移取带来干扰，影响吸光度的测量，因此可在测定之前先对废液进行过滤，滤去不溶性的杂质，并选择合适的参比液。

3. 保证样品及相应的标准曲线在相同条件下操作。

4. 完成实验并经教师检查评估后，拆下实验装置。

5. 注意实验中"三废"的处理。

6. 必须水、电分离。

7. 实验结束后，将实验器材放回原来位置，做好实验室"7S"管理。

三、工作过程

（一）信息

1. 从"网络课程"接受任务，通过查询互联网、查阅图书馆资料等途径收集、分析有关信息，完成资料卡。

资料卡的内容要求如下：

（1）累托石的结构。

（2）累托石的物理特性。

（3）累托石的应用。

（4）粒状吸附剂的载体材料。

2. 在网络讨论组内进行成果分享、交流与讨论。

（二）计划

按照任务导学，完成导学问题。

学习任务一：累托石的预处理。

如何对累托石进行预处理？

学习任务二：累托石/PVA 微球的制备。

影响累托石/PVA 微球制备的因素有哪些？

学习任务三：累托石/PVA 微球吸附性能的评价。

选用何种废液进行吸附实验？请对累托石/PVA 微球进行吸附性能评价。

学习任务四：列出本次实验所用器材、药品的名称、规格和数量（表 5-1-1）。

表 5-1-1　器材、药品选型

序号	器材、药品名称	规格	数量	备注
1				
2				
3				
4				
5				
6				
7				
8				
9				
10				
11				
12				

（三）决策

1. 制订实验计划流程表（表 5-1-2），并通过网络传送给指导教师。

表 5-1-2　实验计划流程表

序号	工作步骤	备注
1		
2		
3		
4		
5		
6		
7		
8		
9		
10		
11		
12		

2. 方案展示。

已上传实验计划流程表的小组进行方案展示，其他小组对该方案提出意见和建议，完善方案。

（四）实施

1. 累托石/PVA 微球的吸附性能分析方法。

采用测量染料废水吸光度的方法，以吸光度的大小来评价染料废水的脱色效果。对实验中采用的染料溶液进行波长扫描后，选定该染料溶液的最大吸收波长为工作波长，采用紫外分光光度法测定染料中甲基橙的吸光度来确定甲基橙浓度。

（1）绘制标准曲线图。

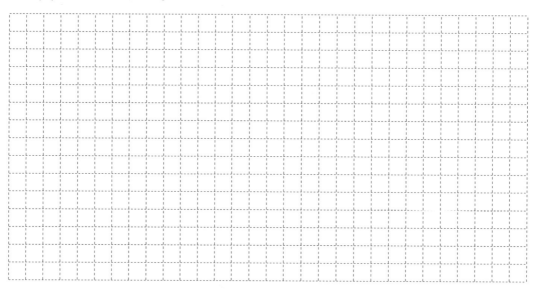

（2）不同制备工艺条件对累托石/PVA 微球吸附性能的影响。

考察累托石用量、PVA 用量、海藻酸钠用量、氯化钙用量、固化时间等对累托石/PVA 微球吸附性能的影响，通过正交试验确定最佳制备条件。

要求：小组分工明确，全员参与，操作必须规范、安全。

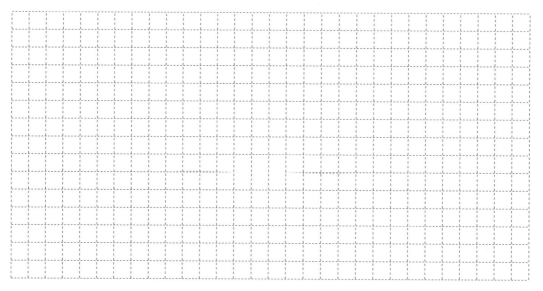

（3）编制正交试验因素水平表。

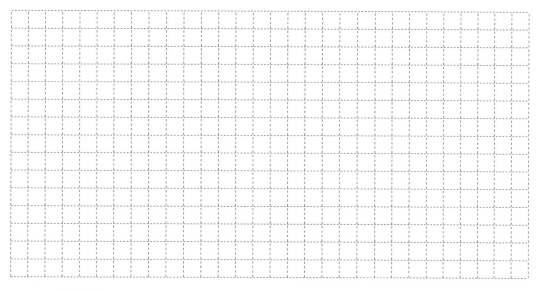

2. 成果分享。

由其他小组对其设计方案进行分享及问题解答。针对问题，教师及时进行现场指导与分析。

（五）结论

对照实验结果及图表数据，进行实验讨论并得出结论（表5-1-3）。

表 5-1-3　数据记录表

项目	结论
累托石/PVA 微球的制备	
1. 累托石用量的影响	
2. PVA 用量的影响	
3. 海藻酸钠用量的影响	
4. 氯化钙用量的影响	
5. 固化时间的影响	
正交试验	

（六）评价

填写项目任务工作评价表（表5-1-4）。

表 5-1-4 项目任务工作评价表

小组名称			姓名		评价日期	
项目名称					评价时间	
否决项		违反设备操作规程与安全环保规范，造成设备损坏或人身事故，该项目0分				
评价要素	配分	各项操作要求评分细则		自我评价	小组评价	教师评价
1 实训前准备	12分	1. 佩戴安全眼镜	每错1项扣2分			
		2. 穿好实验服				
		3. 把头发扎起来，不允许佩用披肩、围巾				
		4. 穿好覆盖全身的衣服，穿封闭式的鞋子				
		5. 在不同的实验操作要求下准备好不同规格及性能的手套				
		6. 根据任务导学提前进行实验预习，制订合理的工作计划				
2 实验操作实施与检查	30分	1. 试剂、药品的取用、存放、清理	每错1项扣3分			
		2. 精密仪器操作规范，仪器设备确定好使用人				
		3. 玻璃仪器清洗完毕后，把仪器表面上的水擦干净，以免加热锅短路/断路				
		4. 冷却水的使用：控制好流速，不宜过快，否则太浪费，而且接口处容易爆开				
		5. 传感器的信号线要理顺，不然很容易折断，引起短路，测不出信号				
		6. 在搅拌转动过程中，禁止直接将玻璃棒伸到烧瓶中取液测定pH				
		7. 进行容量瓶、量筒的定量操作时，须水平放置				
		8. 进行滴定管、量筒读数时，须水平平视				
		9. 用电安全：水电分离，遇到要往烧瓶内加试剂的时候，可以先断电，移开加热锅，再加试剂				
		10. 实验操作时，玻璃仪器不要放在右手边，那样很容易打碎玻璃仪器				
3 安全环保意识	30分	1. 未经允许不得进入试剂准备间和药品室	每错1项扣3分			
		2. 实验结束后，所有实验用化学试剂与用品均应倒入废液桶或待处理废弃物收集桶				
		3. 高温的电热板必须有警示标志，玻璃器皿爆裂后必须戴手套清理				
		4. 所有的事故应及时报告和记录				
		5. 实验中途休息阶段应停水停电				

评价要素		配分	各项操作要求评分细则		自我评价	小组评价	教师评价
3	安全环保意识	30分	6. 实验室里不允许出现食物和饮料	每错一项扣3分			
			7. 在实验室里不允许打闹，休息前应洗手，不允许玩手机				
			8. 应及时清理桌面上不需要的化学药品				
			9. 配溶液要戴手套在通风橱内进行				
			10. 不得破坏物品，否则要赔偿				
4	实训后卫生检查	8分	1. 工位必须保持整洁，玻璃仪器应摆放在正确的位置	每错一项扣2分			
			2. 值日生必须按要求做好值日工作				
			3. 不得迟到早退				
			4. 不得乱窜实验室				
5	综合素质考核	20分	1. 严格按计划与工作规程实施计划，遇到问题时应正确分析并解决，检查过程能正常开展 2. 积极参与小组工作，按时完成项目任务，全勤				
总分		100分		得分			
根据学生实际情况，由培训师设定三个项目评分的权重，如3：3：4					30%	30%	40%
				加权后得分			
				综合总分			

学生签字：_____   培训师签字：_____
（日期）   （日期）

四、项目学习总结

重点写出不足及今后工作的改进计划。

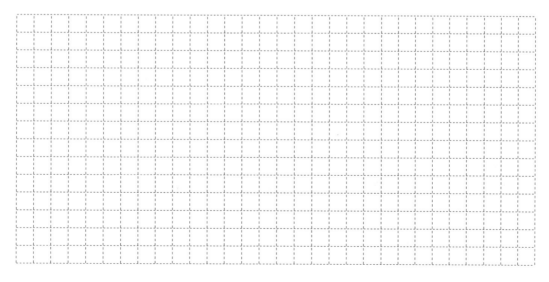

模块五　综合拓展性实验

五、扩展与提高

如何用累托石/PVA 微球对 Cr（Ⅵ）进行动态吸附？请设计实验方案并讨论动态吸附效果。

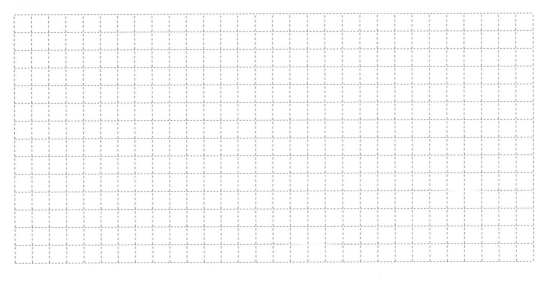

任务二　印染废水中甲基橙
含量的测定及脱色实验

一、任务描述

本次任务以印染废水中甲基橙为研究对象，分别在甲基橙酸式最大吸收波长、碱式最大吸收波长和等吸收波长下，建立废水中甲基橙含量测定方法并进行方法评价；利用累托石/PVA 微球进行废水中甲基橙的吸附研究。

在本次工作任务中，我们将学习甲基橙含量测定方法及方法评价，学习累托石/PVA 微球对废水中甲基橙的吸附原理和过程，探讨累托石/PVA 微球对甲基橙的等温吸附规律和吸附热力学；对吸附饱和的累托石/PVA 微球的脱附再生性进行考察。

二、任务提示

（一）工作方法

1. 根据任务描述，通过线上学习与讨论了解吸收曲线测定方法，重点学习标准曲线定量法、改性累托石在废水处理中的应用，研究废水染料中的物理吸附和化学吸附，通过查询互联网、查阅图书馆资料等途径收集、分析有关信息。

2. 查阅资料完成资料卡。

3. 根据项目导学案，制订实验计划，完成实验。

4. 对于出现的问题，请先自行解决，如确实无法解决，再寻求帮助。

5. 与指导教师讨论，进行学习总结。

（二）工作内容

1. 工作过程按照"六步法"实施。

2. 认真回答引导问题，仔细填写相关表格。

3. 小组合作完成任务，对任务完成情况的评价应客观、全面。

4. 进行现场"7S"管理，并按照岗位安全操作规程进行操作。

（三）相关理论知识

1. 吸收曲线的测定。

2. 标准曲线定量法。

3. 定量分析方法评价。

4. 吸附法。

5. 等温吸附规律。

6. 吸附热力学。

7. 吸附动力学。

（四）知识储备

1. 分光光度计的使用。

2. 缓冲体系的选择。

3. 酸度计的使用。

4. 溶液逐级稀释。

5. T、F 检验法。

6. 动力学、热力学定量分析。

7. 单因素优化法。

8. 作图软件的使用。

（五）注意事项与安全环保知识

1. 熟悉实验相关设备的使用方法。

2. 根据实验要求选择合适的缓冲溶液。

3. 废水中可能存在少量悬浮杂质，会给定量移取带来干扰，影响吸光度的测量，因此可在测定之前先对废液进行过滤，滤去不溶性的杂质，并选择合适的参比液。

4. 保证样品及相应的标准曲线在相同条件下操作。

5. 完成实验并经教师检查评估后，拆下实验装置。

6. 必须水、电分离。

7. 实验结束后，将实验器材放回原来位置，做好实验室"7S"管理。

三、工作过程

（一）信息

1. 从"网络课程"接受任务，通过查询互联网、查阅图书馆资料等途径收集、分析有关信息，完成资料卡。

资料卡的内容要求如下：

（1）查阅印染废水的分类及特点。

（2）常用染料废水的处理方法。

2. 在网络讨论组内进行成果分享、交流与讨论。

（二）计划

按照任务导学，完成导学问题。

学习任务一：探究甲基橙溶液的最大吸收波长。

如何根据吸收曲线测定确定甲基橙酸式/碱式最大吸收波长 λ_a/λ_b 及等吸收点波长 λ_e？

学习任务二：甲基橙标准曲线定量法的确立。

如何利用不同浓度的酸性或碱性甲基橙标准溶液，建立甲基橙浓度–吸光度工作曲线，测定和分析甲基橙含量？

学习任务三：甲基橙含量测定的方法评价。

利用 T、F 检验法计算出的甲基橙含量是否存在系统误差。

学习任务四：累托石/PVA 球对甲基橙吸附率计算公式推导。

如何计算甲基橙的吸附率？

学习任务五：累托石/PVA 微球吸附对甲基橙的吸附研究。

影响累托石/PVA 微球吸附废水染料中甲基橙的催化氧化脱色率的因素有哪些？

学习任务六：列出本次实验所用器材、药品的名称、规格和数量（表 5-1-5）。

表 5-1-5　器材、药品选型

序号	器材、药品名称	规格	数量	备注
1				
2				
3				
4				
5				
6				
7				
8				
9				
10				
11				
12				

（三）决策

1. 制订实验计划流程表（表 5-1-6），并通过网络传送给指导教师。

表 5-1-6　实验计划流程表

序号	实验步骤	备注
1		
2		
3		
4		
5		
6		
7		
8		
9		
10		
11		
12		

2. 方案展示。

已上传工作计划流程表的小组进行方案展示，其他小组对该方案提出意见和建议，完善方案。

（四）实施

1. 甲基橙含量测定及方法评价。

（1）各小组配置不同浓度酸性、碱性甲基橙溶液及样品溶液，测定不同浓度酸性、碱性甲基橙溶液的吸光度值，绘制出工作曲线并进行甲基橙含量的测定。

要求：独立完成实验操作，操作必须规范、安全。

（2）绘制吸收曲线（A-λ 曲线）。确定酸式、碱式最大吸收波长和等吸收点波长。

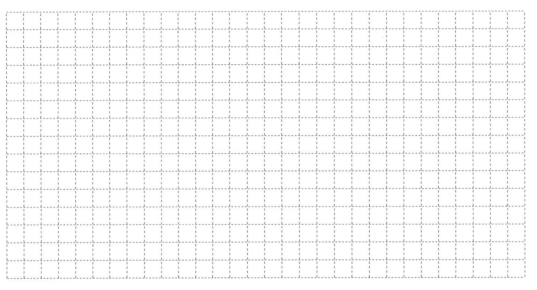

（3）绘制工作曲线，测定样品含量。

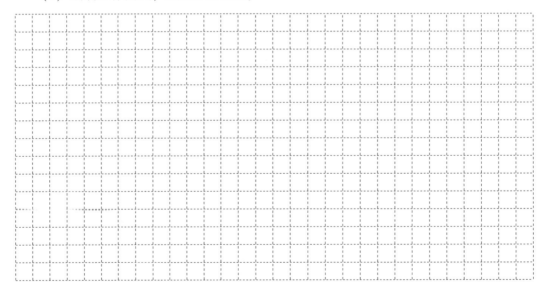

（4）进行方法评价。

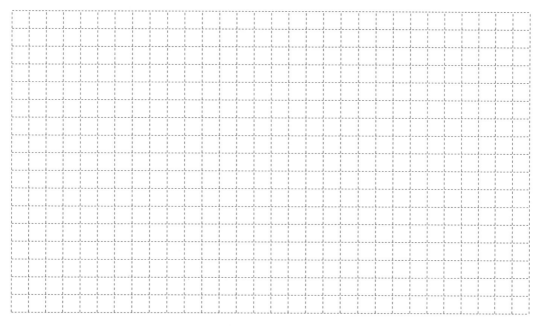

2. 累托石/PVA 微球对废水中甲基橙的吸附影响因素。

（1）考察累托石/PVA 微球对甲基橙进行静态吸附时的影响因素，包括微球用量、初始 pH、温度、废水初始浓度和振荡时间等，确定最佳静态吸附条件。

要求：独立完成实验操作，操作必须规范、安全。

（2）绘制不同吸附条件对吸附效果的影响图。

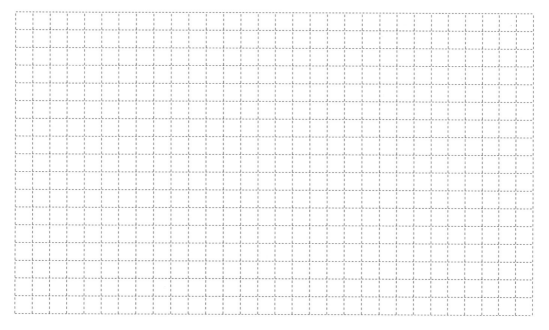

3. 累托石/PVA 微球对废水中甲基橙的热力学研究。

测定吸附等温线，探讨累托石/PVA 微球对甲基橙的等温吸附规律和吸附热力学。

要求：独立完成实验操作，操作必须规范、安全。

（1）记录不同温度条件下的甲基橙等温吸附数据。

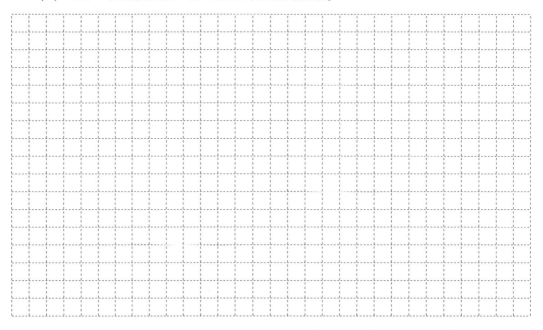

（2）采用 Freundlich、Langmuir 和 Temkin 三种等温吸附模型对甲基橙等温吸附数据进行拟合。

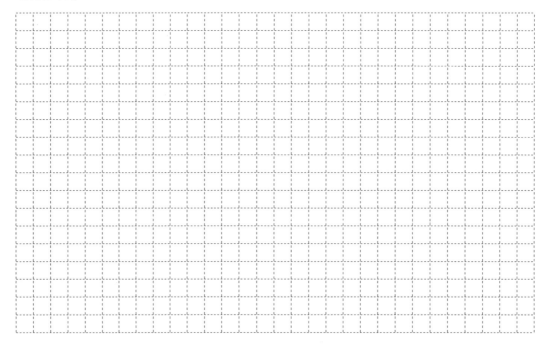

4. 累托石/PVA 微球对废水中甲基橙的动力学研究。

探讨累托石/PVA 微球对甲基橙的吸附动力学，采用 Lagergen 准一级、二级吸附速率模型及 Bangham 模型、Elovichm 模型对吸附速率实验数据进行拟合。

要求：独立完成实验操作，操作必须规范、安全。

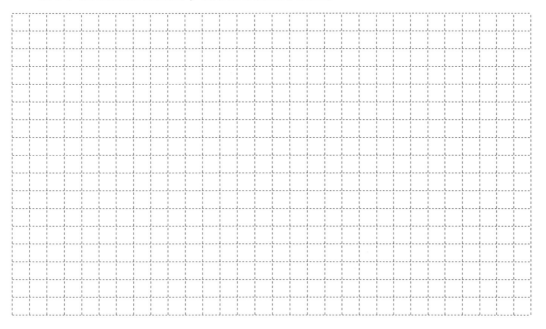

5. 成果分享。

由其他小组对其设计方案进行分享及解答。针对问题，教师及时进行现场指导与分析。

（五）结论

对照实验结果及图表数据，进行实验讨论并得出结论（表 5-1-7）。

表 5-1-7 数据记录表

项目		结论
甲基橙含量测定及方法评价	1	
	2	
	3	
	4	

项目		结论
累托石/PVA 微球对甲基橙进行静态吸附时的影响因素	1	
	2	
累托石/PVA 微球对甲基橙的等温吸附规律和吸附热力学	1	
	2	
	3	
累托石/PVA 微球对甲基橙的吸附动力学	1	
	2	
	3	
微球的可再生性讨论	1	
	2	

应用化学综合实验教程：技能训练模块化工作手册

（六）评价

填写项目任务工作评价表（表 5-1-8）。

表 5-1-8 项目任务工作评价表

小组名称			姓名		评价日期	
项目名称					评价时间	
否决项		违反设备操作规程与安全环保规范，造成设备损坏或人身事故，该项目 0 分				
评价要素		配分	各项操作要求评分细则		自我评价	小组评价	教师评价
1	实训前准备	12 分	1. 佩戴安全眼镜	每错1项扣2分			
			2. 穿好实验服				
			3. 把头发扎起来，不允许佩用披肩、围巾				
			4. 穿好覆盖全身的衣服，穿封闭式的鞋子				
			5. 在不同的实验操作要求下准备好不同规格及性能的手套				
			6. 根据任务导学提前进行实验预习，制订合理的工作计划				
2	实验操作实施与检查	30 分	1. 试剂、药品的取用、存放、清理	每错1项扣3分			
			2. 精密仪器操作规范，仪器设备确定好使用人				
			3. 玻璃仪器清洗完毕后，把仪器表面上的水擦干净，以免加热锅短路/断路				
			4. 冷却水的使用：控制好流速，不宜过快，否则太浪费，而且接口处容易爆开				
			5. 传感器的信号线要理顺，不然很容易折断，引起短路，测不出信号				
			6. 在搅拌转动过程中，禁止直接将玻璃棒伸到烧瓶中取液测定 pH				
			7. 进行容量瓶、量筒的定量操作时，须水平放置				
			8. 进行滴定管、量筒读数时，须水平平视				
			9. 用电安全：水电分离，遇到要往烧瓶内加试剂的时候，可以先断电，移开加热锅，再加试剂				
			10. 实验操作时，玻璃仪器不要放在右手边，那样很容易打碎玻璃仪器				
3	安全环保意识	30 分	1. 未经允许不得进入试剂准备间和药品室	每错1项扣3分			
			2. 实验结束后，所有实验用化学试剂与用品均应倒入废液桶或待处理废弃物收集桶				
			3. 高温的电热板必须有警示标志，玻璃器皿爆裂后必须戴手套清理				
			4. 所有的事故应及时报告和记录				
			5. 实验中途休息阶段应停水停电				

应用化学综合实验教程：技能训练模块化工作手册

评价要素		配分	各项操作要求评分细则		自我评价	小组评价	教师评价
3	安全环保意识	30分	6. 实验室里不允许出现食物和饮料	每错1项扣3分			
			7. 在实验室里不允许打闹，休息前应洗手，不允许玩手机				
			8. 应及时清理桌面上不需要的化学药品				
			9. 配溶液要戴手套在通风橱内进行				
			10. 不得破坏物品，否则要赔偿				
4	实训后卫生检查	8分	1. 工位必须保持整洁，玻璃仪器应摆放在正确的位置	每错1项扣2分			
			2. 值日生必须按要求做好值日工作				
			3. 不得迟到早退				
			4. 不得乱窜实验室				
5	综合素质考核	20分	1. 严格按计划与工作规程实施计划，遇到问题时应正确分析并解决，检查过程能正常开展 2. 积极参与小组工作，按时完成项目任务，全勤				
总分		100分	得分				
根据学生实际情况，由培训师设定三个项目评分的权重，如 3∶3∶4					30%	30%	40%
加权后得分							
综合总分							

学生签字：＿＿＿＿＿＿＿　　　　培训师签字：＿＿＿＿＿＿＿
　　（日期）　　　　　　　　　　　　（日期）

四、项目学习总结

重点写出不足及今后工作的改进计划。

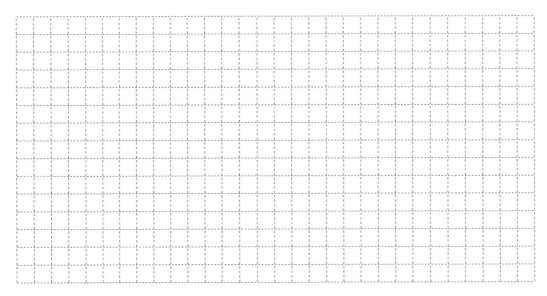

五、扩展与提高

如何用累托石/PVA 微球对 Cr（Ⅵ）进行动态吸附？请设计实验方案并讨论动态吸附效果。

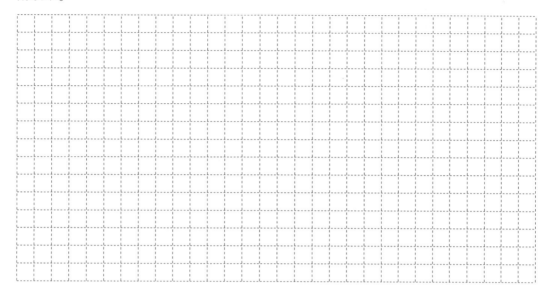

项目二

模拟工厂产品除杂
及纯度分析

一、任务描述

本次任务的工作原理是利用搅拌罐装置来去除以碳酸钠形式存在于食盐（NaCl）中的一种污染物。这是通过加入规定量的去离子水到搅拌罐中并且在热和搅拌作用下溶解该原料来进行的。为了沉淀析出碳酸根离子，加入氯化钙溶液，将所得悬浮溶液过滤，部分滤液被重复使用，并且通过蒸馏除水得以浓缩。

在本次工作任务中，我们将学习加热搅拌装置来对原料进行除杂，结合真空抽滤、溶液的滴定、溶液的稀释、溶液密度的测定等操作得到需要的纯净产品。相关实验装置如图 5-2-1、图 5-2-2、图 5-2-3 所示。

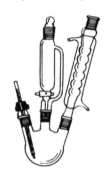

图 5-2-1 发生装置

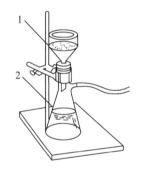

图 5-2-2 抽滤装置

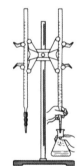

图 5-2-3 滴定装置

二、任务提示

（一）工作方法

1. 根据任务描述，通过线上学习与讨论了解本次实验需要用到的化学反应方程式和计算公式的书写，并且初步设计出简单的实验过程和实验装置图。通过查询互联网、查阅图书馆资料等途径收集、分析有关信息。

2. 以小组讨论的形式完成工作计划。

3. 按照工作计划，完成小组成员分工。

4. 对于出现的问题，请先自行解决。如确实无法解决，再寻求帮助。

5. 与指导教师讨论，进行学习总结。

（二）工作内容

1. 工作过程按照"六步法"实施。

2. 认真回答引导问题，仔细填写相关表格。

3. 小组合作完成任务，对任务完成情况的评价应客观、全面。

4. 进行现场"7S"和 TPM 管理，并按照岗位安全操作规程进行操作。

（三）相关理论知识

1. 实验中涉及的化学反应方程式。

2. 了解如何确定氯化钠溶液的密度和质量分数曲线图。

3. 会利用密度和质量分数曲线图查找相关数据。

4. 会利用滴定分析计算氯化钠溶液中碳酸钠的含量。

5. 掌握分析化学滴定的基本知识及相关计算。

（四）知识储备

1. 搅拌装置的安装方法和操作方法。

2. 抽滤装置的安装方法和操作方法。

3. 酸碱滴定的操作方法。

4. 溶液浓缩和稀释的操作方法。

5. 绘制溶液密度和质量分数曲线图。

（五）注意事项与安全环保知识

1. 熟悉实验设备的使用方法。

2. 完成实验并经教师检查评估后才能开始实验。

3. 实验开始时必须先打开冷凝水再加热，实验结束后必须停止加热再关闭冷凝水。

4. 在抽滤过程中一定要注意安全，防止爆破。

5. 必须水、电分离。

6. 在实验过程中必须穿好实验服、戴好防护镜，需要时还要戴好隔热手套。

7. 实验结束后，将元器件放回原来位置，做好实验室"7S"管理。

三、工作过程

（一）信息

1. 课前准备。

课前完成如下线上学习任务：

（1）从"网络课程"接受任务，通过查询互联网、查阅图书馆资料等途径收集、分析有关信息，然后分组讨论本实验需要的仪器和药品。

（2）在网络讨论组内进行成果分享、交流与讨论。

2. 任务引导。

（1）用什么药品来除去氯化钠中的碳酸钠？

（2）怎样确定混合溶液中氯化钠溶液的质量分数？

（3）怎样确定溶液中的碳酸根离子是否去除干净？

（4）用什么药品来测定最后滤液中碳酸根离子的浓度？怎么计算？

（5）怎么使最终的产品氯化钠溶液达到一定的质量分数？

（二）计划

1. 根据小组成员情况进行分工（表 5-2-1）。

表 5-2-1　小组分工

小组信息	班级名称			日期	
	小组名称			组长姓名	
	岗位分工	汇报员	观察员	记录员	技术员
	成员姓名				

说明：组长负责组织工作，汇报员负责在分享信息时进行项目讲解，观察员负责记录时间，记录员负责记录实验工作，技术员负责项目的实施。

2. 讨论工作计划。

小组成员共同讨论工作计划，列出本次实验所到的器材、药品的名称、规格和数量（表 5-2-2）。

表 5-2-2　器材、药品选型

序号	器材、药品名称	规格	数量	备注
1				
2				
3				
4				
5				
6				
7				
8				
9				
10				
11				
12				

（三）决策

1. 制订实验计划流程表。

各小组制订实验计划流程表（表5-2-3），并通过网络传送给指导老师。

表 5-2-3　实验计划流程表

序号	工作步骤	预期目标	责任人	备注
1				
2				
3				
4				
5				
6				
7				
8				

2. 方案展示。

已上传实验计划流程表的小组进行方案展示，其他小组对该方案提出意见和建议，完善方案。

（四）实施

在搅拌装置中去除以碳酸钠形式存在于食盐（NaCl）中的一种污染物。这是通过加入规定量的去离子水到搅拌罐中并且在热和搅拌作用下溶解该原料来进行的。为了沉淀析出碳酸根离子，加入氯化钙溶液，将所得悬浮溶液过滤，部分滤液被重复使用，并且通过蒸馏除水得以浓缩，并测定最终溶液的质量分数及溶液中残留的碳酸根离子的含量。

要求：小组分工明确，全员参与，操作必须规范、安全。

1. 在搅拌装置中加热溶解原料，并且取样测定溶液中氯化钠的质量分数。

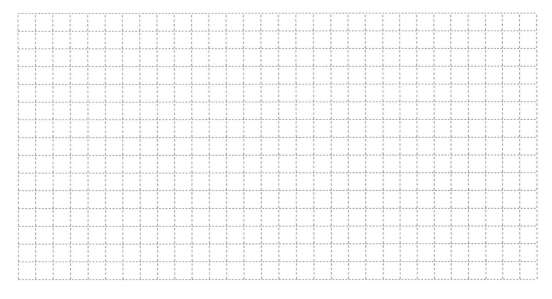

2. 碳酸根离子的析出沉淀。

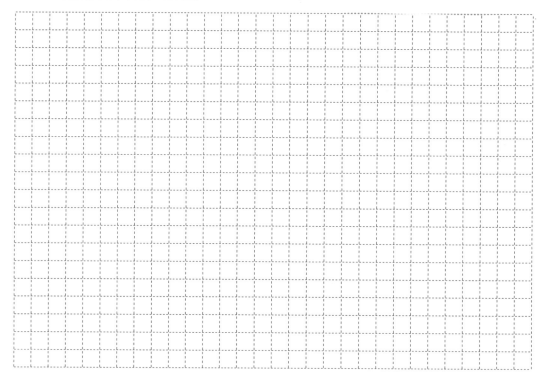

3. 真空抽滤直至滤液澄清，并用去离子水冲洗滤饼直至不含氯离子。

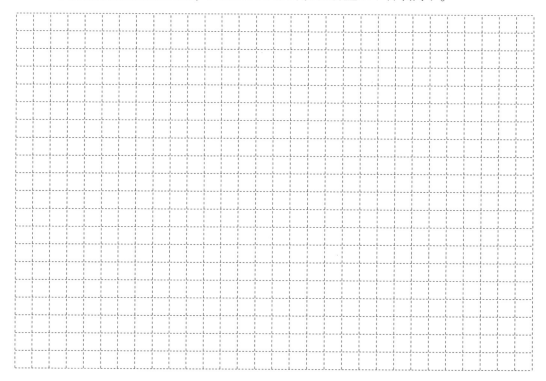

4. 溶液的稀释。通过加蒸馏水使滤液达到一定的质量分数，并测定滤液的 pH。

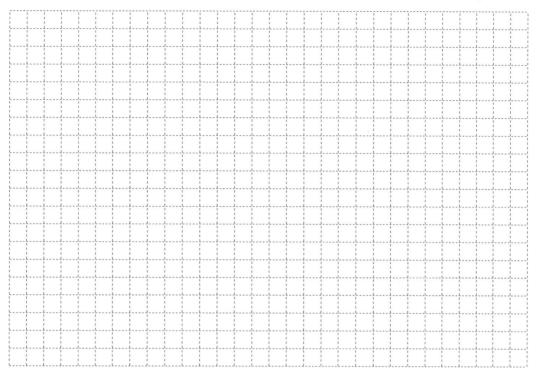

5. 测定溶液中碳酸根离子的含量。

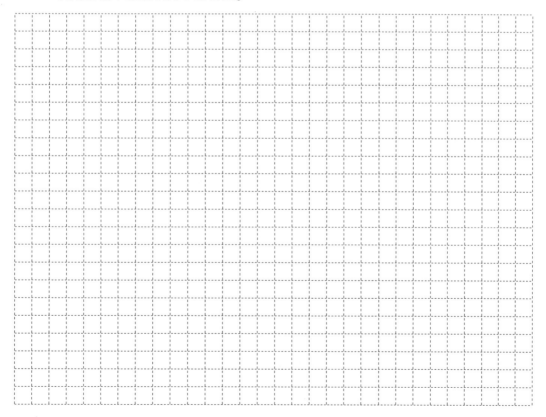

6. 成果分享。

由其他小组对其设计方案进行分享及问题解答。针对问题，教师及时进行现场指导与分析。

（五）检查

1. 对照系统设计与实现工艺计划的技术要点，编制检查计划。请完善以下检查项要点和标准，并完成检查表（表5-2-4）。

表 5-2-4　检查表

项目名称：				检查时间：
序号	检查点	检查标准	是否完成（Y/N）	未完成原因分析及措施
1				
2				
3				
4				
5				
6				
7				
8				
9				
10				
11				
12				
13				
14				
15				

2. 小组工作。完成系统设计并实现工作任务的检查与控制，记录突出要点，以便总结、评价与提升。

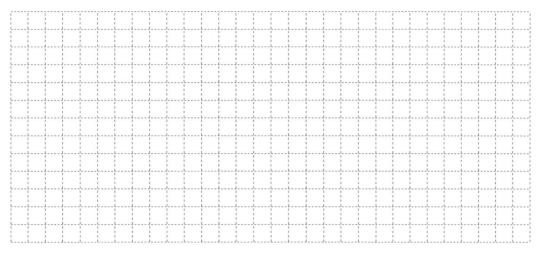

（六）评价

填写项目任务工作评价表（表 5-2-5）。

表 5-2-5　项目任务工作评价表

小组名			姓名		评价日期	
项目名称					评价时间	
否决项		违反设备操作规程与安全环保规范，造成设备损坏或人身事故，该项目0分				
评价要素		配分	等级与评分细则 （等级系数：A=1,B=0.8,C=0.6,D=0.2,E=0）	自我评价	小组评价	教师评价
1	系统设计与实现工艺计划	20分	A. 能正确查询资料，制订的工艺计划准确完美 B. 能正确查询信息，工艺计划有少量修改 C. 能查阅手册，工艺计划基本可行 D. 经提示会查阅手册，工艺计划有大的缺陷 E. 未完成			
2	项目工作计划	20分	A. 能根据工艺计划制订合理的工作计划 B. 能参考工艺计划，工作计划有小缺陷 C. 制订的工作计划基本可行 D. 制订了计划，有重大缺陷 E. 未完成			
3	工作任务实施与检查	30分	A. 严格按计划与工作规程实施计划，遇到问题时应正确分析并解决，检查过程能正常开展 B. 能认真实施技术计划，检查过程正常 C. 能实施保养与检查，过程正常 D. 保养、检查过程不完整 E. 未参与			
4	安全环保意识	10分	A. 严格遵守安全规范，及时处理工作垃圾，时刻注意观察安全隐患与环保因素 B. 能遵守各规范，有安全环保意识 C. 能遵守规范，实施过程安全正常 D. 安全环保意识淡薄 E. 无安全环保意识			

	评价要素	配分	等级与评分细则 （等级系数：A=1，B=0.8，C=0.6，D=0.2，E=0）	自我 评价	小组 评价	教师 评价
5	综合素 质考核	20分	A. 积极参与小组工作，按时完成工作页，全勤 B. 能参与小组工作，完成工作页，出勤率90%以上 C. 能参与小组工作，出勤率80%以上 D. 能参与工作，出勤率80%以下 E. 未反映参与工作			
	总分	100分	得分			
	根据学生实际情况，由培训师设定三个项目评分的权重，如3：3：4			30%	30%	40%
	加权后得分					
	综合总分					

学生签字：＿＿＿＿＿＿　　　　培训师签字：＿＿＿＿＿＿
　（日期）　　　　　　　　　　　（日期）

四、项目学习总结

重点写出不足及今后工作的改进计划。

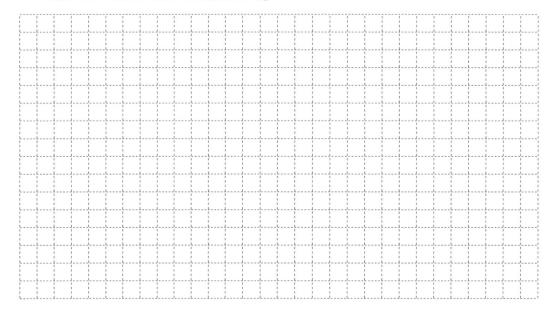

应用化学综合实验教程：技能训练模块化工作手册

五、扩展与提高

参考文献

高桂枝，陈敏东. 新编大学化学实验：上册 [M]. 北京：科学出版社，2016.

姜洪文，陈淑刚. 化验室组织与管理 [M]. 3 版. 北京：化学工业出版社，2014.

夏玉宇. 化学实验室手册 [M]. 2 版. 北京：化学工业出版社，2008.

何圣静. 物理实验手册 [M]. 北京：机械工业出版社，1989.

华中工学院，天津大学，上海交通大学. 物理实验：基础部分：工科用[M]. 北京：高等教育出版社，1981.

陆伟东，张圣领.《精细化工工艺学》设计性实验教学实践研究 [J]. 化学工程与装备，2014（8）.

杨桂英，刘温霞. 聚丙烯酰胺的制备及其应用研究 [J]. 黑龙江造纸，2007（3）.

王雅珍，匡华. 关于用水蒸汽蒸馏法从桔皮中提取柠檬烯装置的改进 [J]. 克山师专学报，2004（4）.

丁慎德，李玉琴. 橙油的提取方法改进及主要成分的鉴定 [J]. 淄博师专学报，1995（2）.

许景秋. 从橙皮中提取柠檬烯无害化方法的研究 [J]. 大庆师范学院学报，2005（4）.

刘苑等，梁恭博，张文，等. 一种改进的从橙皮中提取柠檬烯的新方法 [J]. 山西师范大学学报（自然科学版），2013（3）.

张立娟，孙家寿. 累托石交换吸附特征研究进展 [J]. 化学工业与工程技术，2002（6）.

吕华. 累托石/PVA 微球对水中酸性橙 Ⅱ 的吸附研究 [D]. 江苏科技大学硕士学位论文，2008.

郁昉. 累托石/腐殖酸微球的制备及其对重金属离子的吸附研究 [D]. 江苏科技大学硕士学位论文，2009.